________________ 님의 소중한 미래를 위해
이 책을 드립니다.

50,
우주를 알아야 할 시간

50, 우주를 알아야 할 시간

나는 우주에서 인생을 배웠다

이광식 지음

메이트북스

메이트북스 우리는 책이 독자를 위한 것임을 잊지 않는다.
우리는 독자의 꿈을 사랑하고,
그 꿈이 실현될 수 있는 도구를 세상에 내놓는다.

50, 우주를 알아야 할 시간

초판 1쇄 발행 2020년 12월 7일 | **초판 3쇄 발행** 2023년 7월 1일 | **지은이** 이광식
펴낸곳 (주)원앤원콘텐츠그룹 | **펴낸이** 강현규·정영훈
책임편집 안정연 | **편집** 박은지·남수정 | **디자인** 최선희
마케팅 김형진·이선미·정채훈 | **경영지원** 최향숙
등록번호 제301-2006-001호 | **등록일자** 2013년 5월 24일
주소 04607 서울시 중구 다산로 139 랜더스빌딩 5층 | **전화** (02)2234-7117
팩스 (02)2234-1086 | **홈페이지** blog.naver.com/1n1media | **이메일** khg0109@hanmail.net
값 16,000원 | ISBN 979-11-6002-310-7 03440

이 도서의 국립중앙도서관 출판시도서목록(CIP)은 e-CIP홈페이지(http://www.nl.go.kr/ecip)에서 이용하실 수 있습니다.(CIP제어번호 : CIP2020044635)

두루미가 왜 나는지, 아이들이 왜 태어나는지,
하늘에 왜 별이 있는지 모르는 삶은 거부해야 한다.
이러한 것들을 모르고 살아간다면
모든 게 무의미하여 바람 속의 먼지 같을 것이다.

• 안톤 체홉의 『세 자매』에서 •

쉰 살, '천명天命'을 알아야 할 때

"나이 쉰이면 천명을 알아야 한다伍十而知天命"는 말은 공자孔子가 50세에 천명을 알았다는 데서 나온 『논어』의 한 구절이다. 그래서 '지천명知天命'은 50세를 가리키는 말로 굳어졌다. 천명이란 인생을 뜻하기도 하지만, 넓게는 삼라만상을 지배하는 우주의 섭리나 원리 또는 보편적인 가치를 가리키는 말이기도 하다.

예전에야 쉰 살이면 세상에서 한 걸음 물러나 인생과 세상을 관조할 나이라 하겠지만, 1백세 인생을 말하는 오늘날에는 생의 딱 절반인 시점이다. 자녀가 있다면 대학에 갈 나이이고, 또 자신은 곧 닥칠 은퇴 후 노년을 설계해야 하는, 그야말로 다사다망한 '생의 한가운데'에서 마음만 급해지는 시기라 하겠다. 그러나 그럴수록 심호흡 한번 하는 마음의 여유가 더욱 필요할 때이기도 하다.

걸어온 길도 멀지만 걸어가야 할 길도 만만찮은 나이 쉰 살. 인생을 이등분하는 중점中點에 서서 지나온 자신의 삶을 되돌아보고, 앞으로의 생을 어떻게 그려갈 것인지 차분한 성찰이 필요한 나이라 할 수 있겠다. 이럴 때 몇 해 전 타계한 휠체어의 물리학자 스티븐 호킹의 말은 충분히 되새겨볼 가치가 있지 않을까 싶다.

"땅만 내려다보지 말고 고개를 들어 하늘의 별을 보라. 호기심을 가져라. 우주가 존재하는 이유가 무엇인지 의문을 품자. 상상력을 가지자. 삶이 아무리 어려워도, 세상에는 해낼 수 있고 성공을 거둘 수 있는 일이 언제나 있다. 중요한 것은 포기하지 않는 것이다."

대체로 우리는 시선을 수평 이하로 둔 채 살아간다. 현대인들은 밤하늘에 별이 있는지조차 모른 채 살아가고 있는 실정이다. 이렇게 시선을 땅에만 떨어뜨린 채, 우리가 사는 동네인 우주를 완전히 잊어버리고 산다면 균형 잡힌 가치관을 갖기는 어려우며, 온전한 삶을 꾸려내기도 힘들 것이다.

이처럼 현대인은 우주 불감증이란 돌림병을 앓고 있는데도 그 사실을 알아채지 못한다. 오늘날 인간의 탐욕으로 급격히 파괴되는 지구 환경과 끝없이 이어지는 분쟁, 치솟는 자살률 같은 것도 인류가 '우주'를 잊어버린 채 살아가기 때문일지도 모른다. 우리 선조들은 "하늘을 잊고 사는 그 자체가 재앙"이라고 말했다.

"'나는 누구인가?'를 알고 싶다면 먼저 자신이 있는 곳 우주를 알아야 한다"고 말한 어느 과학자의 말마따나, '우주란 무엇인가? 우주와 나의 관계는 무엇인가?'를 확실히 깨우칠 때 우리는 보다 균형 잡힌 삶, 아름다운 삶을 살아갈 수 있을 거라고 믿는다.

이 책을 쓴 뜻은 부족하게나마 우주의 탄생과 그 진화라는 '큰 그림'을 보여주기 위함인 만큼, 보다 깊은 천문학-천문학사 지식을 얻을 수 있는 다음 독서 단계로 나아가는 데 디딤돌이 된다면 더 바랄 게 없겠다. 어린이에서 청소년, 어른에 이르는 여러 연령층을 대상으로 입문서를 쓰다 보니 책의 구성상 전작과의 내용 중복을 다소 피하기 어려웠다는 점도 이해를 구하고 싶다.

아무쪼록 이 책이 '지천명의 쉰 살', 우주를 알아야 할 고빗길에 접어든 여러분을 우주로 안내하는 좋은 길라잡이가 되기를 바란다.

2020년 늦가을

강화도 퇴모산에서 지은이 씀

ⓒ김현우

지구를 찾아온 네오와이즈 혜성. 2020년 7월 17일 저녁 9시경 강화도 계룡돈대에서 찍었다. 6800년 후 다시 회귀한다.

차례

프롤로그

어느 날 문득 '우주'가 나를 찾아왔다

"천문학자는 낭만주의자다.
그들은 우주를 이해하지 못하면
자신을 이해할 수 없다고 믿는다."

- **울리히 뵐크**(독일 천문학자·작가)

중국의 작가이자 문명비평가인 린위탕林語堂은 삶에서 인간과 우주와의 관계를 대단히 중요하게 생각한 사람으로, 불후의 명수필집 『생활의 발견』 곳곳에 그러한 성찰이 담긴 명언들을 남겼다. 다음의 한 구절은 인간과 우주와의 관계에 대한 빛나는 성찰이 담긴 문장으로 음미해볼 만하다. "인간은 광대한 우주에 살고 있으며, 인간 못지않게 경탄할 만한 우주에 살고 있다. 그러므로 인간의 주위를 에워싸고 있는 이 넓고 큰 세계의 기원과 숙명을 무시하고서는 참된 의미의 만족스런 생활을 해나갈 수 없다."

대체 우주란 어떤 동네일까?

사람마다 다르겠지만, 나의 경우 '우주'를 처음으로 어렴풋 느끼고 생각하게 된 것은 9세 무렵이었다.

대도시 변두리의 판자촌에서 태어나 그곳에서 초등 1년까지 다니다가 근교 시골로 이사를 갔다. 좁은 골목 안에서만 살다 보니 들판과 강도 있고 산도 있는 시골은 그야말로 별세계처럼 여겨졌다.

동네 아이들과 같이 어울려 봄이면 야산으로 다니며 진달래를 따먹고, 여름이면 팬티 한 장 걸치고 근처 강에서 멱 감으며 놀았다. 물은 맑았고, 강변 들깨밭에서 풍겨오는 들깨향은 기분 좋았다. 강에서 살다시피 하는 바람에 아이들은 너나 할 것 없이 온몸이 햇볕에 까맣게 탔다. 달밤이면 술래잡기, 말타기 같은 놀이로 밤이 깊은 줄 모르고 정신없이 놀았다.

그 무렵 어느 여름밤, 시골집 마당에 멍석을 펴놓고 이웃 동무들과 놀고 있었는데 대입을 앞둔 큰형이 쏟아질 듯한 밤하늘 별들을 가리키며 이렇게 말했다. "너희들, 저 별들 보이지? 그런데 저 별들이 지금은 저기 없을지도 몰라."

다들 뜨아한 얼굴로 큰형을 쳐다봤다. 도무지 알 수 없는 얘기였던 것이다. 큰형이 다시 말했다. "왜냐하면 저 별까지의 거리가 너무나 멀어서 별빛이 여기까지 오는 데 시간이 엄청 걸리거든. 그러니까 우리가 보는 저 별은 지금의 모습이 아니라 아주 과거의 모습인 거야. 지금 저 별이 그대로 있는지는 아무도 모르지." 그러곤 이렇게 덧붙였다. "그런데 만약 우리가 빛만큼 빠른 로켓을 타고 저 별에 다녀온다면 지구는 몇 백 년이 흘러가버렸을 수도 있단다."

참으로 낯선 얘기였다. 어린 나이에도 내가 살아온 세계와는 너무나 다른 이야기에 나는 충격과 감동을 받았다. 그 얘기는 오래 여운을 남겨 별의 세계, 우주의 느낌을 내 속 깊이 심어놓았다.

큰형은 얼마 후 서울로 올라가 문학을 공부했고, 대학교 1학년 겨울방학 때 신춘문예에 당선되어 소설가가 되었다. 그리고 어린 시절 형으로부터 별 이야기를 들은 나는 이렇게 천문학 작가가 되었다.

이런 경험에 비추어보았을 때 어린이에게도 되도록 별과 우주를 많이 보고 읽게 하는 것이 정서적으로나 교육적으로 참으로 중요하다고 생각한다. 머리와 가슴에 별을 담고 사는 사람과 그렇지 않는 사람은 분명 삶의 길이 다를 것이다.

요즘 언론에 오르내리는 기사를 보면, 인생 말년에 험한 일을 당하는 사람들을 많이 볼 수 있다. 젊은 시절 조금만 더 별을 보고 우주를 사색하는 삶을 살았더라면 저렇게 되지는 않았을 텐데, 하는 안타까움을 느낀다.

나의 경우는 '9세의 별'이 내 속에서 꺼지지 않고 계속 반짝였던 것 같다. 내가 갓 20세 넘어 서울에서 자취하면서 출판사를 전전하며 밥벌이하고 있을 때 문득 '내가 살고 있는 이 우주는 대체 어떤 동네일까?' 하는 호기심에 하루는 청계천으로 나갔다.

허블 익스트림 딥 필드(Hubble eXtreme Deep Field). 허블 우주망원경이 촬영한 132억 광년 거리에 있는 우주의 풍경. 우주는 공간이 시간이므로 132억 전 우주의 모습이다. 사진에 보이는 두 별(방사선 빛을 내고 있는 천체) 외의 점들은 모두 은하다.

그때만 해도 청계로 양켠으로 수백 개의 헌책방들이 늘어서 있었다. 그 서점들을 종일 다리가 아프도록 뒤지고 다녔다. 요즘에야 좋은 천문학 책들이 수없이 나와 있지만, 당시는 지하철 1호선을 놓는다고 한창 종로 바닥을 파뒤집던 70년대라 그런 책은 종내 찾을 수 없었다. 다들 먹고 살기에 바빠 우주로 눈길을 줄 여유가 없었기 때문이리라. 나중에 내가 출판사를 운영하면서 천문학 책과 천문잡지 등을 꾸준히 내게 된 것도 모두 그런 갈증에서 비롯된 것 같다.

나의 버킷 리스트, 백수의 꿈

천직 비슷한 출판사를 접은 것도 따지고 보면 우주 때문이라고 할 수 있다. 어느 날 야근을 하고 밤늦게 귀가하는데, 아파트 단지 입구에 들어서자 어느 고층집 베란다에 누런 조등 하나가 걸려 있는 것이 눈에 띄었다. 그 순간 무언가가 내 머리 속을 딱 때렸다. '아, 정신없이 살다가 아파트 안방에서 죽으면 저렇게 베란다에 조등 하나 걸고 끝나겠구나.'

밥벌이에 파묻혀 바쁘게 살다가 어느 날 갑자기 아파트 안방에서 죽는다면, 그보다 억울한 일이 어디 있을까. 박정만* 시인은 '나는 사라진다/저 광활한 우주 속으로'('終詩' 전문)라는 절명시를 남겼지만, 나는 우주로 사라지기 전에 내가 어쩌다 우연히 태어나 살게 된 이 우주란 동네를 좀더 알아보고 싶었다.

ⓒNASA

영국 작가 중 버나드 쇼라는 사람이 있는데, 노벨 문학상까지 탄 문호지만 독설가로도 유명하다. 한번은 예쁜 여배우가 쇼에게 자기랑 결혼하면 머리도 좋고 잘생긴 2세가 태어날 거라고 말했더니 그는 이렇게 되받아쳤다고 한다. "머리도 나쁘고 못생긴 2세가 나올 확률이 더 많을 것 같습니다."

또 한번은 쇼가 길에서 친구 작가를 만났다. 몸피가 뚱뚱한 친구였는데, 그에 비해 쇼는 비쩍 마른 몸집이었다. 뚱뚱이가 홀쭉이를 놀리는 말을 했다. "자네를 보니 영국의 식량부족 상황을 한눈에 알겠군." 그러자 쇼가 이렇게 되받았다. "흠, 자네를 보니 그 이유가 어디 있는지 알 것 같군."

이렇게 뜬금없이 버나드 쇼 얘기를 늘어놓는 건 순전히 그의 별난 묘비명 때문이다. 유명한 그의 묘비명은 이렇다. '어영부영하다 이렇게 될 줄 알았다니까.'

쇼는 94세까지 살았는데도 정작 하고 싶은 일은 못한 모양이다. 내가 아파트 베란다의 조등을 보고 떠올린 것도 이 쇼의 묘비명이었다. 나 역시 그렇게 되고 싶지는 않았다. 하고 싶은 것을 웬만큼 한 후 떠나고 싶었다. 나의 버킷 리스트는 '우주로 떠나기 전에 백수가 되어 맘껏 빈둥빈둥 게으름 피며, 읽고 싶은 책 읽고 별 보며 우주나 좀 사색하다 가자'는 것이었다.

* 한국의 현대시인(1946~1988). 1981년 작가 한수산 필화사건에 연루되어 심한 고문을 당한 후 그 후유증으로 죽는 날까지 시달리면서 집필에만 전념해 죽기 몇 달 전부터 수백 편의 시를 쏟아냈다. 사후 1989년 현대문학상, 1991년 제3회 정지용문학상을 수상했다.

어떻게 운때가 맞았는지 얼마 후 출판사를 인수하겠다는 임자가 나타나자 나는 미련 없이 출판사를 넘기고 이삿짐을 꾸려 강화도 퇴모산으로 들어갔다. 그리고 내가 늘 그리던 백수 생활, 자연 속에서 낮에는 빈둥거리거나 텃밭일 좀 하는 척하다가 밤이면 별 보고 천문학·물리학·수학 책 읽는 생활을 이어갔다.

그런데 문과 출신이다 보니 수식들이 적잖이 나오는 책들은 읽어도 반타작도 제대로 못하는 것 같았다. 그래서 어느 초겨울 읍내 책방에서 중·고등 수학 전 과정 참고서를 몽땅 묶어와서는 겨울 내내 입시생처럼 수학책과 씨름했다. 무한과 확률, 미적분까지 진도가 나가자 책 속의 수식들이 조금씩 눈에 들어오긴 했지만, 그렇다고 이해력이 썩 나아졌다고는 할 수 없었다.

융합형 천문학 책

이런 실랑이를 벌이면서 한 10년 동안 관련 책들을 백여 권 정도 읽다 보니 자각 하나가 찾아왔다. 대체로 천문학 책들이 딱딱하고 재미가 없어 일반인들이 읽고 소화하기 어렵다는 느낌이었다. 천문학 책은 수면제가 필요할 때 읽으면 좋다는 우스갯소리까지 있다. 책을 펴들면 10분 내로 잠이 오니까.

우리는 자신도 모르게 엄숙한 유교문화에 젖은 나머지 '재미'라는 요소를 등한시하는 경향이 있는 듯하다. 그러나 재미는 우리

삶의 본질적인 요소이며, 행복의 속고갱이라 할 수 있다.

어떤 책이든 영화든 재미가 없는 것은 실패한다. 학교 수업, 강의도 마찬가지다. '자신이 가르치는 과목을 얼마나 재미있게 학생들에게 전달할 수 있는가?' 이 능력이 교사의 가장 중요한 자질이다. 재미없는 책이나 재미없는 강의는 임팩트가 없으며, 따라서 사람에게 감동을 주지 못한다. 감동을 못 주면 사람을 변화시킬 수 없다. 그러므로 재미없는 강의나 수업은 하지 말아야 한다.

교사는 모름지기 자기 수업이 재미있도록 머리를 쥐어짜고 열정을 쏟아 연구하지 않으면 안 된다. 한국에 '수포자'가 많은 것은 아이들 머리가 나빠서가 아니라, 수학을 재미없게 가르치는 수학 교사들의 무능 탓이라 생각한다. 일찍이 삼각형 하나로 달까지의 거리를 알아낸 히파르코스와 지동설을 간파한 아리스타르코스* 같은 고대 천문학자들을 보면 그런 생각이 더욱 절실하다.

연애에서도 재미는 강력한 요소다. 흔히들 연애를 잘하는 사람은 '비디오'가 좋은 사람이라는 생각들을 하는데, 이는 큰 착각이다. 재미있는 사람이 연애도 잘한다. 폭넓은 독서를 바탕으로 한 풍부한 지식과 인문학적 교양으로 무장된 사람, 거기서 우러나오는 감수성과 유머 감각이 재미있고 연애에 유능한 사람을 만든다.

어느 해 늦가을, 나는 재미있는 천문학 책을 한번 써보자는 생

* 고대 그리스의 천문학자·수학자(BC310~230). 반달일 때 태양-달-지구가 이루는 각도가 직각임을 간파, 삼각법으로 세 천체 간의 상대적 거리와 크기를 구해 최초로 지동설을 제창했다. 기하학적 저술인 논문 〈태양과 달의 크기와 거리에 관하여〉를 남겼다.

각에 관련 책 1백여 권을 읽으면서 작성한 독서 노트를 옆에다 두고 집필에 들어갔다. 그해 겨울이 끝날 무렵 책 한 권 분량의 원고를 마무리해서 『천문학 콘서트』란 책을 세상에 선보였다. 책을 내놓고 보니 젊은 시절 내가 찾았던 그 책이란 생각이 들었다.

이 책이 뜻밖에 "인문학적 융합형 천문학 책"이라는 호평을 받았고, 한 독서 클럽에서 강연 의뢰를 받았다. 강연 후 저자 사인회 때 한 독자가 책 면지에 사인을 받으면서, 자신은 고등학교 지학 교사인데 천문학 책만 펴들면 10분 내로 잠이 왔지만 이 책은 너무 재미있어 밤새워 다 읽었다는 말을 해주었다.

어쨌든 책이 쇄를 거듭한 덕분에 인세도 솔찮게 들어와 그 돈으로 산속 집 베란다에다 개인 관측소를 올리고, '원두막 천문대'라는 간판을 걸었다. 요즘도 가끔 거기 올라가 10인치 돕소니언 반사망원경으로 우주여행을 즐긴다.

왜 우주를 알아야 하나?

'우주란 과연 무엇인가? 우리가 사는 동네라고 할 수 있는 이 우주는 언제 생겨났고, 어떻게 생긴 것인가?' 젊은 시절, 이런 의문에 한두 번 사로잡혀보지 않은 사람은 없을 것이다. 특히 수많은 별들이 반짝이고 은하수가 흐르는 밤하늘을 보면 뭔가 경건하고 경이로운 느낌이 들면서 이런 의문들을 떠올리게 된다. 사람이란 늘 근원적인 질문을 하고 그 답을 찾으려는 존재이기 때문이다.

영국의 유명한 진화생물학자 토머스 헉슬리는 "인류가 지금까지 추구해온 수많은 문제들 가운데 가장 근본적이면서 흥미로운 것을 하나 고르라 한다면 '자연에서 인간의 위치와 인간과 우주의 관계'에 관한 문제일 것이다"라고 말했다.

그러나 치열한 경쟁사회 속에서 부대끼다 보면 어느덧 우리 머리 위에 있는 우주라는 존재는 까맣게 잊어버리고 그날그날을 살아가게 되는 것 또한 우리네 삶이다. 현대인은 대체로 우주 불감증이라는 바이러스에 감염된 채 살아가지만, 그러한 증세를 자각하는 사람은 그리 많지 않다. 우주가 화제에 오르면 "우주를 안다고 밥이 생기나, 돈이 생기나" 하고 고개를 돌리거나, 심하면 "참 한가한 모양이네"라며 비꼬는 사람도 있다.

린위탕林語堂(1895~1976). 중국의 소설가이자 문명비평가. 중국 푸젠 성의 가난한 목사의 아들로 태어나 미국 하버드 대학교, 독일 라이프치히 대학교에서 언어학을 공부하고, 베이징 대학교, 홍콩 중문대학교 등에서 가르쳤다. 1948년 유네스코 예술부장을 지냈다.

정말 우주가 나와 아무런 관계도 없는 그런 것일까? 그것은 불행한 오해라 할 수 있다. 물론 우주를 안다고 당장 돈이 생기지는 않지만 그보다 더욱 중요한 것, 즉 우리의 근원을 알고 삶의 지혜를 얻을 수 있다. 우주는 우리 삶과 밀접한 관계를 가지고 있다.

중국의 작가이자 문명비평가인 린위탕林語堂은 삶에서 인간과 우주와의 관계를 대단히 중요하게 생각한 사람으로, 불후의 명수필집 『생활의 발견』 곳곳에 그러한 성찰이 담긴 명언들을 남기고 있다. 다음의 한 구절은 인간과 우주와의 관계에 대해 빛나는 성찰이 담긴 문장으로 음미해볼 만하다.

"인간은 광대한 우주에 살고 있으며, 인간 못지않게 경탄할 만한 우주에 살고 있다. 그러므로 인간의 주위를 에워싸고 있는 이 넓고 큰 세계의 기원과 숙명을 무시하고서는 참된 의미의 만족스런 생활을 해나갈 수 없다."

우주란 무엇인가?

만약 자녀가 당신에게 "우주가 뭐예요?"라는 질문을 던졌을 때 깔끔하게 대답해줄 수 있다면 참 멋진 일이 아니겠는가. 그럴 때 가장 쉽게 해줄 수 있는 대답이 "이 세상 모든 것을 전부 다 우주라 할 수 있다" 정도가 아닐까 싶다. "그리고 하늘의 해, 달, 별, 우리은하를 포함해 모든 천체들이 다 우주인 거지"라고 덧붙이는 이들도 있

피타고라스 흉상과 유럽 중세의 코스모스.

을 것이다. 하긴 이 답이 가장 알기 쉽고 보편적인 우주의 정의라 할 수 있다.

그런데 옛날 동양의 현자들은 우주를 약간 다른 식으로 정의했다. 중국 전한 시대의 철학책인 『회남자淮南子』*를 보면 우주에 관해 다음과 같은 구절이 나온다. '예부터 오늘에 이르는 것을 주宙라 하고, 사방과 위아래를 우宇라 한다.' 이 풀이는 시공간을 아우르는 내용임을 알 수 있다. 여기서 바로 우주란 말이 유래했다.

* 중국 전한의 회남왕인 유안(BC ?~123)이 편찬한 철학서. 형이상학·우주론·국가정치·행위규범 따위의 내용을 다루었다. 현재 21권만 전한다.

영어로는 우주를 유니버스universe라 하는데, '온누리'를 뜻하는 라틴어 우니베르숨universum에서 나왔다. 고대 그리스어 코스모스cosmos는 질서를 가진 조화로운 체계로서의 우주를 말한다. 피타고라스(BC 580?~500?)가 가장 먼저 쓴 말이라고 하는데, 그는 우주를 '아름답고 조화로운 전체', 즉 코스모스로 봄으로써 우주를 인간의 사고 안으로 끌어들였다.

어떤 말을 쓰든 서양의 우주에는 공간만 있을 뿐 시간 개념은 없다. 그러나 20세기 들어서 아인슈타인이 일반 상대성 이론에서 우주는 공간 3차원과 시간 1차원으로 이루어진 4차원의 시공간 연속체라고 간파했을 때, 동양의 현자들이 일찍이 말한 시공간을 아우른 '우주'의 개념과 딱 맞아떨어짐을 확인하게 되었다. 동양의 현자들은 그토록 현철했던 것이다.

우주는 아직 어린 게 틀림없다

그렇다면 이 우주는 원래부터 존재하던 것일까? 아니면 어떤 시점에서 생겨난 것일까? 사실 오랜 옛날에는 '우주가 언제부터 존재했다, 생겨났다' 식의 개념 자체가 별로 없었다. 사람들은 대체로 우주는 영원 이전부터 있었으며 앞으로도 영원히 존재할 것이라 믿었다. 이에 반해, 모든 사물에 시작이 있듯이 이 우주도 언젠가 시작된 것임이 틀림없다고 생각하는 사람들도 있었다.

ⓒwikipedia

루크레티우스. 고대 로마의 시인·철학자(BC 99~55). 그의 일생에 관해서는 별로 알려진 것이 없다. 44세 때 자살했다고 전해지나 분명치 않으며, 서사시 〈사물의 본성에 관하여〉 6권만 남아 있다.

이처럼 우주의 탄생이나 기원, 그 진화와 종말에 관한 것을 연구하는 분야가 '우주론'이라는 것인데, 어떤 놀라운 고대인이 다음과 같은 기발한 우주론을 생각해냈다. 지금으로부터 2100년 전 사람으로 루크레티우스란 로마 철학자다.

"어린 시절부터 내 주위에서 기술의 진보가 이루어지는 것을 봐왔다. 범선의 돛이 개량되었고, 무기도 발달했으며, 악기도 더욱 정교한 것들이 만들어졌다. 만약 우주가 영원히 존재해오던 것이라면 이 모든 변화와 발전이 수천, 수만 번도 더 일어날 시간이 흘렀을 것이다. 그 결과 나는 지금 아무것도 변하지 않는 완성된 세계에서 살고 있어야 할 것이다. 그러나 얼마 되지 않은 나의 짧은 생애에도 많은 변화가 일어나는 것을 봐왔으니, 세계는 늘 존재해온 것이 아닌 게 분명하다. 우주는 아직 어린 단계에 있는 것으로 보인다."

참으로 기발한 추론 아닌가. 오늘날 우주론은 2100년 전에 한 루크레티우스의 추론이 3가지 점에서 옳았음을 확인해주고 있다. 첫째, 세계는 항상 존재해온 것이 아니다. 둘째, 세계는 계속 변하고 있다. 셋째, 이 변화는 단순한 것에서 복잡한 것으로 변하는 양상으로 나타난다. 이런 위대한 지성에게 우리는 마땅히 경의를 표해야 할 것이다.

이제까지 한 얘기를 통해 우주에 관해 오래 전부터 다음과 같은 유서 깊은 3가지 질문이 존재해왔음을 알 수 있다.

- 우주는 어떻게 생겨났나?
- 우리는 어디서 왔는가?
- 우주 속에서 인간은 어떤 존재인가?

참으로 큰 질문들이지만, 20세기 초까지만 하더라도 이런 질문에 정확한 답을 할 수 있는 사람이 지구상에는 없었다. 그러나 오늘에 이르러서는 현대과학에 힘입어 이 질문들에 관한 정답들을 거의 알아냈다. 이전 시대 인류가 그렇게 알고 싶어 하던 우주 만물의 기원, 그리고 우리가 어디에서 왔는가 하는 기원의 문제까지 정답을 찾아내기에 이르렀다. 이는 인류 지성의 크나큰 승리라 하지 않을 수 없다. 우주에 관한 빅 퀘스천들의 정답을 모른 채 살다가 그냥 죽는다는 건 참으로 억울하지 않겠는가.

1강

세상은 어떻게 시작되었나?

"신비한 것은
세상이 어떠한가가 아니라,
세상이 존재한다는 그 자체다."

- **비트겐슈타인**(영국 철학자)

"모든 시대는 신 앞에 평등하다"라는 말이 있지만, 그래도 21세기를 사는 사람들은 어떤 면에서 전 시대에 비해 훨씬 행복한 사람들이란 생각이 든다. 일찍이 철학자들은 '왜 세상은 텅 비어 있지 않고 뭔가가 있는가' 궁금해했지만 그들은 끝내 답을 찾을 수 없었다. 그러나 우리는 이전 시대 사람들은 꿈도 꾸지 못했던 우주와 만물의 기원을 알아냈으며, 우리가 어디서 왔는지 그 근원점도 찾아냈다. 근본을 안다는 것은 참으로 중요한 일이다. 모든 것이 그 지점에서 출발하기 때문이다. 현대과학에 힘입어 우리는 우리의 출발점을 알아냈고, 우주를 보는 것이 곧 우리 자신을 찾아가는 길이라는 사실도 깨닫게 되었다. 이처럼 우주는 나 자신과 떼려야 뗄 수 없는 그야말로 근원적인 관계에 있는 것이다.

세상은 왜 텅 비어 있지 않은가?

약 300년 전인 17세기, 독일의 철학자이자 수학자·물리학자·역사학자이기도 한 팔방미인형의 천재 고트프리트 라이프니츠(1646~1716)는 "왜 세상은 텅 비어 있지 않고 뭔가가 가득 차 있는가?" 하는 질문을 스스로에게 던졌다. 미적분의 발견 업적을 놓고 뉴턴과 다툰 것으로도 유명한 라이프니츠는 또 이렇게 덧붙였다.

"이 세상이 환상일 수도 있고 모든 존재는 꿈에 불과할지도 모르지만, 내가 보기에 이것들은 너무도 현실적이어서 우리가 환상에 현혹되지 않고 있다는 것을 입증하기에 충분하다."

말하자면 "삼라만상의 모든 것들, 곧 만물은 어디서 온 것일까" 하는 원초적인 물음이었지만, 이런 천재도 끝내 그 정답을 알아내지 못했다. 그렇다면 우리를 둘러싸고 있는 만물의 근원은 과연 무엇일까?

만물의 기원에 관해 깊이 사색했던 사람은 물론 라이프니츠만은 아니었다. 플라톤 같은 고대 그리스의 철학자들도 '세상은 왜 존재하게 되었을까?' 하는 문제에 대해 골똘히 생각했다.

그러던 중 만물의 근원에 대한 답을 맨 처음으로 내놓은 사람이 마침내 나타났는데, 바로 탈레스라는 고대 그리스의 철학자였다. 혹 어린 시절 책을 많이 읽은 사람이라면 밤하늘의 별을 보며 길을 걷다가 물웅덩이에 빠진 철학자 얘기를 읽은 적이 있을지도 모르겠다. 지나가던 할머니가 그를 끌어내주면서 "어쩌다가 웅덩이에 빠

물의 철학자 탈레스(BC 624~545). 아리스토텔레스는 탈레스를 '철학의 아버지'라 칭했다. 최초의 철학자·최초의 수학자·최초의 고대 그리스 7대 현인으로 꼽힌다.

졌수?" 물어보자, 하늘의 별을 보며 가다가 그만 빠졌다니까 "자기 발밑에 뭐가 있는지도 모르는 사람이 무슨 하늘의 별을 알려고 하느냐"는 비웃음을 샀다는 그 사람이 바로 탈레스다.

'철학자의 아버지'라 불리는 탈레스는 인류 최초의 수학자이기도 한데, 피라미드의 높이를 막대기와 피라미드의 그림자를 이용해 측정한 것으로도 유명하다. 탈레스는 한껏 자신 있는 목소리로 만물의 기원에 대한 답을 하나 내놓았다.

"만물의 근원은 물이다!"

이는 맞는 답이라고 보기는 힘들지만 어쨌든 탈레스는 이 말 한마디로 유명해졌다. 비록 정답이라고는 할 수 없지만 탈레스의 이 말은 대단히 뜻깊은 것으로 철학사에 기록되었다. '만물의 근원은 무엇인가?'라는 의문에 처음으로 답을 내놓았기 때문이다. 이런 연유로 탈레스는 '물의 철학자'라 불린다.

얘기가 나온 김에 그가 남긴 명언 하나만 더 소개하겠다.

"가장 아름다운 것은 우주이니, 신이 창조한 것이기 때문이다."

어제가 없는 오늘

그 뒤로도 만물의 근원에 대해 물, 불, 공기, 흙을 원소로 보는 엠페도클레스(BC 490~430)의 4원소설 등 수많은 가설들이 나왔지만, 이에 대해 과학적인 답을 한 사람은 20세기 초반이 되어서야 나타났다.

인류의 유서 깊은 질문인 "만물은 과연 어디에서 비롯되었는가?"에 대한 최초의 과학적인 답변은 1927년 로만 칼라 차림의 가톨릭 신부이자 벨기에 천문학자인 조르주 르메트르(1894~1966)가 내놓았다.

르메트르는 좀 특이한 유형의 과학자로, 젊은 가톨릭 신부였다. 사람만 특이한 게 아니라 경력도 특이했다. 대학에서는 토목공학을 전공했는데 1차 세계대전이 일어나자 군인이 되어 참전했다. 그런데 전쟁이 끝나고 다시 사회로 돌아오자 사람이 좀 바뀌었다.

원래 사람이 큰일을 겪고 나면 인생관이 확 바뀌는 수가 있는데 르메트르도 그런 경우였다. 전공하던 토목공학을 딱 접고는 물리학과 수학, 천문학을 열심히 파기 시작한 것이다. 그리고 아인슈타인의 일반 상대성 원리에 나오는 중력장방정식*을 깊이 연구한 끝에 1927년 우주는 과거 한 시점에서 시작되었으며 지금도 팽창하고 있다는 '팽창우주 모델'을 들고 나왔다.

그의 논문은 매우 높은 에너지를 가진 작은 '원시원자Primeval Atom'가 거대한 폭발을 일으켜 우주가 되었다는 대폭발 이론을 최초로 주창한 것으로, 이렇게 탄생한 우주에는 물질과 함께 시간, 공간이 다 들어 있었다는 것이다. 나중에 이른바 '빅뱅 이론'이란 이름을 얻게 된 대폭발설이다.

빅뱅Big Bang이란 우리말로 하면 '큰 꽝'이란 뜻으로, 빅뱅 이론의 반대진영인 정상우주론자 프레드 호일**이 한 방송에서 빅뱅 이론을 비꼬기 위해 "그럼 태초에 빅뱅이라도 있었다는 건가?"라고 한 말에서 그 이름을 얻었다. 그렇다. 요컨대 우주의 맨 처음은 아름다운 불꽃놀이처럼 시작되었다는 얘기다.

르메트르는 혁명적인 이 가설에서, 우주는 팽창하고 있으며 이러한 팽창을 거슬러 올라가면 우주의 기원, 즉 '어제가 없는 오늘The

* 공간상의 물질과 에너지의 분포에 따라 시공간의 곡률을 나타내는 아인슈타인의 방정식.

** 영국의 천문학자, 공상과학 소설가(1915~2001). 정상 우주론의 대표적인 학자. 정상 우주론과 대폭발 이론은 우주론의 두 축을 이루는 이론이다.

©Iona Institute NI

1927년 솔베이회의의 아인슈타인과 르메트르. 아인슈타인에게 팽창우주 모델을 설명했지만, 냉담한 반응을 얻었을 뿐이다.

Day without Yesterday'이라고 불리는 태초의 시공간에 도달한다는 이론을 펼쳐냈다. 이것은 우주도 우리처럼 탄생 시점이 있다는 놀라운 이론이었다. 그 전까지는 우주는 영원 이전부터 영원 이후까지 존재한다는 정상定常 우주론이 대세였다.

그러나 르메트르의 이론은 당시 그다지 주목받지 못했다. 1927년 브뤼셀에서 열렸던 세계 물리학자들의 솔베이회의*에 참석한 르메트르는 아인슈타인을 한쪽으로 데리고 가서 자신의 팽창우주 모델을 열심히 설명했다. 하지만 아인슈타인으로부터 "당신의 수학은

* 세계 최초의 물리학 학회로 초청자로만 구성되었는데, 학회와 워크숍, 세미나, 콜로키엄을 연다. 물리학과 화학의 중요한 미해결 문제를 위해 1911년에 개최되었으며 3년마다 열린다.

옳지만, 당신의 물리는 끔찍합니다"라는 끔찍한 말을 듣고 말았다. 아인슈타인이 거부한다는 것은 곧 전 과학계가 거부한다는 뜻으로, 결국 르메트르는 자신의 이론에 그만 흥미를 잃고 한동안 잊힌 듯이 지냈다.

공간과 시간이 응축된 한 특이점特異點(singularity)*이 폭발해 우주가 출발했다는 르메트르의 빅뱅 이론은 이처럼 처음에는 푸대접을 면치 못했지만, 시간은 르메트르의 편이었다. 빅뱅 이론이 세상에 나온 지 2년 만에 놀라운 대반전이 일어난 것이다.

괴짜 콤비가 발견한 '팽창우주'

20세기의 기라성 같은 천문학자들 중 최고의 영웅 한 사람을 꼽으라면 에드윈 허블(1889~1953)을 드는 데 토를 달 사람은 아무도 없을 것이다. 고요하기만 한 줄 알았던 우리의 우주가 실은 무서운 속도로 팽창하고 있다는 사실을 1929년 맨 처음 발견해 인류에 보고한 사람이 바로 허블이기 때문이다. '팽창우주'의 발견은 6천 년 인류 과학사에서 가장 위대한 발견으로 자리매김되었다.

이 대목에서 우리는 또 한 사내를 떠올리지 않을 수 없다. 허블

* 특정 물리량들이 정의되지 않거나 무한대가 되는 공간. 수학에서 특이점은 특정 수학적 양이 정의되지 않는 점을 말한다. 블랙홀의 중심, 빅뱅 우주의 최초점 등이 특이점의 대표적인 예다.

ⓒCourtesy of AIP Emilio Segrè Visual Archives

허블과 함께 팽창우주를 발견한 중학 중퇴 천문학자 밀턴 휴메이슨(1891~1972).

의 조수로 같이 관측작업을 수행했던 그 역시 천문학사에서는 전설이 된 존재다. 이름은 밀턴 휴메이슨(1891~1972), 나이는 허블보다 두 살 아래이며 원래는 노새 몰이꾼이었다.

윌슨산 천문대로 장비나 생필품을 운반하는 노새 몰이꾼이었던 휴메이슨. 그는 중학교 2학년 때 학업을 일찌감치 때려치우고 당구와 도박, 여자 후리기에 한가락 했던 사내로, 좋게 말하면 한량, 나쁘게 말하면 건달이었다. 그런데 우주에 관심 깊었던 휴메이슨은 머리가 영리하고 호기심도 풍부한 데다 도박으로 다져진 눈썰미와 손재주에 힘입어 천문대의 각종 장비와 기계에 대해 질문하고 익히더니, 어느덧 엔지니어 비슷한 수준까지 되었다.

더욱이 그는 천문대 소속의 연구원 딸을 꾀어 사귀고 있었다. 그 연구원은 노새 몰이꾼 사위 후보에 배알이 뒤틀렸겠지만 어쩌랴, 자고로 남녀상열지사는 아무도 못 말리는 법 아닌가. 이래저래 휴메이슨은 천문대에 말뚝을 박고 잡역부로 온갖 허드렛일을 도맡아 하기에 이르렀다.

그러던 어느 날, 야사가 전하는 바에 따르면 휴메이슨의 놀라운 변신이 전개된다. 야간 관측 보조원이 병결했는데 대타로 투입될 마땅한 사람이 없었다. 그렇다고 세계 최대의 후커 망원경을 놀릴 수도 없는 노릇이라, 천문대에서는 하룻밤 공칠 요량을 하고 휴메이슨에게 대타로 뛰어보겠느냐고 제안했다. 그 업무는 거대한 덩치인 망원경을 다루고 천체 사진까지 찍어야 하는 일이었다.

그날 밤 휴메이슨은 임시직 관측 보조원이 되어 왕년에 트럼프 카드 다루듯이 거대 망원경을 능숙하게 다루는 솜씨를 자랑했다. 그뿐인가, 천문대 연구원들은 휴메이슨이 찍어놓은 은하 스펙트럼들을 보고는 입을 다물지 못했다. 선명한 화질이 일급 전문가의 솜씨였던 것이다. 이 일로 그는 천문대 정직원으로 채용되어 허블의 조수가 되었다.

이 중학교 중퇴 건달과 허풍기 많은 천문학 박사는 만나자마자 악동들처럼 서로 죽이 잘 맞았다. 그들은 이후 오랫동안 공동 관측자로 일했다. 휴메이슨은 일을 시작하자마자 이내 양질의 은하 스펙트럼을 얻는 데 그 어떤 연구원보다 뛰어난 역량을 발휘했고, 나중엔 훌륭한 업적을 많이 남겨 완벽한 천문학자로 인정받게 되었다. 건달에서 천문학자로의 놀라운 변신이었다. 그 연구원의 딸이 남자 보는 눈이 있었다고 해야 하나?

허블은 그때까지 우리은하 내의 성운으로만 알려졌던 안드로메다 성운이 실은 독립된 외계은하임을 밝혀내, 우리은하가 우주의 전부인 줄 알았던 사람들을 충격 속에 빠뜨렸다. 밤하늘에서 빛나는 모든 것들이 우리은하 안에 속해 있다고 믿고 있던 사람들에게 이 발견은 청천벽력과도 같은 것이었다. 갑자기 우리 태양계는 자디잔 티끌 같은 것으로 축소되어버리고, 지구상에 살아 있는 모든 것들에게 빛을 주는 태양은 우주라는 드넓은 바닷가의 한 조약돌에 지나지 않은 것이 되었다.

우주의 나이를 가르쳐준 허블의 법칙

괴짜 콤비의 발견 2탄은 '팽창우주'였다. 허블의 나이 딱 마흔이던 1929년, 고요하기만 한 줄 알았던 우주가 기실은 놀라운 속도로 팽창하고 있다는 관측결과를 발견하고 이를 세상에 발표했다.

허블이 팽창우주를 발견하는 데 사용한 도구는 적색이동(적색편이)*이었다. 멀어져가는 천체의 빛을 스펙트럼으로 보면 적색이동 현상이 나타난다. 허블이 휴메이슨과 함께 24개의 은하를 집요하게 추적해서 얻은 관측 자료를 정리해 거리와 속도를 반비례시킨

*천체로부터 온 빛이 도플러 효과에 의해 본래의 파장보다 긴 파장, 즉 적색 쪽으로 이동하는 현상.

우주팽창을 발견한
허블과 후커 망원경.

표에다가 은하들을 집어넣은 결과, 모든 은하들이 우리로부터 멀어져가고 있다는 놀라운 사실을 발견했다.

멀리 있는 은하일수록 더 빠른 속도로 멀어져가고 있었다! 마치 지구가 몹쓸 역병에라도 오염된 듯이. 한 천문학자는 지구가 인간으로 오염되어 그렇다는 우스갯소리도 했다.

오랜 세월 동안 맨눈으로 볼 수 있는 범위의 크기로 생각해왔던 우주가 허블의 발견 이후 은하들 뒤에 다시 무수한 은하들이 늘어서 있는 무한에 가까운 우주임이 드러났다. 게다가 현재에도 무한 팽창을 거듭하고 있다는 사실을 접하자, 우리가 발붙이고 사는 이 세상에 고정되어 있는 거라곤 하나도 없다는 현기증 나는 사실에 사람들은 황망해했다. 최초로 인류가 지구상을 걸어다닌 이래 인간사가 불안정하다는 것은 알고 있었지만, 20세기에 들어서는 하늘조차도 불안정하다는 사실을 깨닫게 되었던 것이다. 그것은 제행무상諸行無常의 대우주였다.

은하는 후퇴하고 있다. 먼 은하일수록 후퇴속도는 더 빠르다. 그리고 은하의 이동속도를 거리로 나눈 값은 항상 일정하다. 이것이 바로 '허블의 법칙'이다. 훗날 이 상수는 허블 상수로 불리며, H로 표시된다. 허블 상수는 우주의 팽창속도를 알려주는 지표로, 이것만 정확히 알아낸다면 우주의 크기와 나이를 구할 수 있다. 그래서 허블 상수는 우주의 로제타석*에 비유되기도 한다.

허블의 법칙은 우주가 팽창한다는 이론의 기초가 되었을 뿐 아니라, 빅뱅의 증거이기도 하다. 인류는 우주가 팽창한다는 사실과, 우주의 팽창에는 중심이 없으며 모든 은하는 서로 멀어지고 있다는 사실로부터 우주에는 특별한 중심이 없고 어떤 방향으로도 동일하다는 '우주원리'를 받아들이게 되었다. 이 원리는 우리은하와 주변 환경은 우주의 다른 곳과 근본적으로 같으며, 우리는 우주의 특별한 장소에 사는 것이 아니라는 것이다.

허블의 발견에 따르면, 우주 팽창은 나를 중심으로 진행되고 있다고도 볼 수 있다. 내가 만약 이웃 안드로메다 은하로 가더라도 마

*1799년에 나폴레옹의 이집트 원정군이 나일강 어귀의 로제타 마을에서 발견한 비석. 기원전 196년 고대 이집트의 왕 프톨레마이오스 5세 송덕비로, 검은 현무암에 이집트어를 적은 신성문자와 속용문자, 그리스 문자가 새겨져 있어 이집트 문자 해독의 열쇠가 되었다.

찬가지다. 그곳을 중심으로 모든 은하들은 나로부터 멀어져가고 있을 것이다. 우주의 모든 은하들은 이처럼 서로 후퇴하고 있다. 이 경우 은하들이 스스로 이동하는 것은 아니다. 우주팽창은 공간 자체가 팽창하는 것이기 때문에 은하 간 공간이 늘어나고 있는 것이다. 따라서 은하들은 늘어나는 우주의 카펫을 타고 서로 기약 없이 멀어져가고 있는 셈이다.

우주는 지금 이 순간에도 빛의 속도로 팽창하고 있다. 그러므로 오늘 우리가 사는 우주는 어제의 우주가 아니며, 내일의 우주는 오늘의 우주와는 또 다르다는 얘기다.

우주의 시작은 아름다운 불꽃놀이였다

한없이 정적으로만 보이던 이 대우주가 기실은 무서운 속도로 팽창하고 있다는 사실은 세상 사람들을 경악케 했다. 이것은 인류에게 던져진 근본적인 계시로, 6천 년 과학사상 최대 발견이라 할 만한 것이었다.

이 발견 덕분에 르메트르의 빅뱅 이론은 화려하게 부활했다. 르메트르가 '솔베이의 절망'을 맛본 지 6년 만인 1933년, 마침내 아인슈타인으로부터 항복을 받아냈다. 우주팽창을 발견한 허블의 윌슨산 천문대에서 열린 세미나에 발제자로 초청된 르메트르는 허블을 비롯한 쟁쟁한 천문학자와 우주론자들 앞에서 자신의 빅뱅 모델을

©Courtesy the Archives, CalTech

윌슨산 천문대를 방문해 망원경을 보는 아인슈타인. 뒤에 파이프 문 이가 허블, 오른쪽이 천문대장 월터 애덤스.

발표했다. 그는 자기가 좋아하는 불꽃놀이에 비유해 현재의 우주 시간을 이렇게 시적으로 표현했다.

"이 세상의 진화는 이제 막 끝난 불꽃놀이에 비유될 수 있습니다. 태초에 상상할 수 없을 만큼 아름다운 불꽃놀이가 있었습니다. 그런 후 폭발이 있었고, 그 후엔 하늘이 연기로 가득 찼습니다. 이 우주는 약간의 빨간 재와 연기인 것입니다. 우리는 식어빠진 잿더미 위에 서서 별들이 서서히 꺼져가는 광경을 지켜보면서, 이제는 이미 지워져 사라져버린 태초의 휘광을 회상하려 애쓰고 있습니다. 우리는 우주가 창조된 탄생의 장관을 보기엔 너무 늦게 도착했습니다."

그 자리에는 과학계의 거물인 아인슈타인도 참석했는데, 르메트르의 팽창우주 강의가 끝난 후 그는 "내가 들어본 것 중에서 창조에 대해 가장 아름답고 만족스러운 설명"이라는 찬사를 보냈다. 르메트르 앞에서 항서를 쓴 것이다.

천문학 영웅의 영광과 좌절

미스터리에 싸인 허블의 무덤

인류 과학사에서 첫 줄을 차지하는 것은 기원전 4241년 이집트에서 '1년을 365일로 한 태양력이 창안되었다'는 것이다. 그로부터 약 6200년 후인 1929년 허블이 발견한 팽창우주를 가장 위대한 발견으로 꼽는 데 주저하는 과학자는 별로 없을 것이다.

ⓒTIME

1948년 2월 9일자 〈타임〉 표지를 장식한 에드윈 허블. 우주팽창을 발견하며 단숨에 천문학의 영웅으로 등극했다.

이 발견 이후 신출내기 천문학자였던 허블은 단숨에 천문학 영웅으로 떠올랐으며, 노벨상만 받지 못했을 뿐 과학자로서는 최고의 영예와 인기를 누렸다. 영화배우, 작가들과 모임을 가졌으며, 1937년 아카데미 영화상 수상식에 주빈으로 초대받기도 했다. 1948년에는 허블의 초상화가 〈타임〉 지 표지를 장식했는데, 천문학자로서는 최초의 일이었다. 그후 반세기 동안 〈타임〉 지 표지에 얼굴을 올린 천문학자는 퀘이사를 발견한 마틴 슈미트와 유명작가이자 천문학자인 칼 세이건뿐이다.

독선적인 성격으로 인해 천문대 연구원들로부터 인심을 잃은 나머지 천문대 대장으로의 승진이 좌절되는 시련을 맛보기도 했지만, 타고난 관측가인 허블은 죽을 때까지 망원경 앞을 떠나지 않고 열성적으로 은하를 관측했다.

1953년 허블은 팔로마산 천문대의 지름 5m의 거대망원경 앞에서 며칠 밤을 새워 관측할 준비를 하던 중 심장마비로 숨졌다. 대천문학자다운 열반이었다. 향년 64세.

코페르니쿠스 이후 천문학 발전에 최대의 공헌을 한 허블의 업적은 노벨상을 뛰어넘는 것이지만, 허블은 상을 받지 못했다. 노벨 물리학상이 천문학을 배제했기 때문이다. 그러나 뒤늦게 규정이 바뀌어 허블에게도 상을 주기로 했지만, 이번엔 상 받을 사람이 없었다. 허블이 죽은 지 3개월 뒤였던 것이다. 고인에게는 노벨상을 주지 않기 때문에, 상을 받으려면 업적 못지않게 긴 수명도 필수적임을 새삼 일깨워주었다.

허블은 죽은 뒤에도 세간의 관심을 모았다. 그의 부인 그레이스는 장례식과 추도회를 모두 거부했다. 그리고 남편의 유해를 어떻게 처리했는지에 대해서도 끝내 입을 열지 않았다. 그래서 20세기의 가장 위대한 천문학자였던 허블의 마지막 행로는 반세기가 지난 지금까지도 미스터리로 남아 있다. 허블에게 '성운 항해자the navigator of nebulae'라는 별명을 붙여준 그의 부인 그레이스는 유려한 문장의 소유자이기도 해서 남편을 추억하며 쓴 회고록을 남겼다.

허블의 굴곡진 사연으로 인해 20세기 천문학 최고의 영웅이 어디에 묻혀 있는지 모르는 상황이라 허블을 추념하려면 1990년 우주로 올라간 허블 우주망원경을 바라보는 수밖에 없게 되었다. 하지만 허블 부부에게도 하나의 위안은 있었다. 허블이 죽은 후 얼마 안 되어 노벨 물리학상 수상자이자 위원인 찬

드라세카르와 페르미가, 허블이 인류에 끼친 공헌이 무시되어서는 안 된다고 생각하고 그레이스를 찾아가 허블이 수상자로 선정되었다는 비밀 사항을 전했다. 또한 1990년 우주공간으로 쏘아 올린 우주망원경에 허블의 업적을 기리는 뜻에서 그의 이름이 붙여졌다.

법학을 전공했다가 늦깎이로 천문학에 입문해 늘 남의 인정과 칭찬에 목말라했던 허블이 지하에서나마 그 소식들을 들었다면 크게 기뻐했을 것이다. 마지막으로, 타고난 관측자 허블이 남긴 말을 내려놓는다.

"천문학의 역사는 멀어져가는 지평선의 역사다The history of astronomy is a history of receding horizons."

©NASA

허블의 이름을 딴 허블 우주망원경. 1990년 우주로 올라간 이래 지상 600km 높이에서 97분마다 지구를 돌며 먼 우주를 관측하고 있다.

신호는 빅뱅 우주를 의미했다!

빅뱅 이론이 나오기 전에 사람들은 대체로 우주는 영원 이전부터 존재했고 앞으로도 영원히 계속될 거라는 이론을 믿고 있었다. 우주는 시작도 끝도 없다는 이런 주장을 일컬어 '정상 상태 우주론(정상 우주론)'이라 한다.

여기서 우주론이란 우주의 탄생과 진화, 그 종말에 관한 이론을 가리키는 말이다. 물론 우주가 작동하는 원리, 우주의 구성물과 구조 그리고 그 안에 내재된 질서를 연구하는 부분도 포함한다.

그런데 빅뱅 이론이 나타나자 두 우주론을 각각 지지하는 과학자들 사이에 뜨거운 논쟁이 불붙었다. 양 진영은 30년 넘도록 치열하게 다투었지만 어느 쪽에도 결정적인 증거가 없어 판가름이 나질 않았다. 입증 책임은 새로운 이론을 들고 나타난 빅뱅 이론 쪽에 있었지만, 관측 증거만으로는 빅뱅 이론을 완전히 설명할 수가 없었다. 실제로 빅뱅이 있었다는 것을 보여줄 보다 확실한 물증이 필요했다. 그러나 1백억 년도 더 전에 일어난 빅뱅의 물증이 과연 남아 있기나 할까? 그런데 놀랍게도 남아 있었다! 무엇으로?

빅뱅 이론이 나온 지 30여 년 만인 1965년, 마침내 빅뱅의 물증이 나타났다. 태초의 빅뱅에서 나온 엄청난 에너지의 전자기파가 138억 년 동안 우주를 떠돌면서 차갑게 식어 마이크로파*가 되었는데, 이것이 온 우주로부터 지구로 쏟아져 들어오는 것을 발견한 것이다. '태초의 빛'이라 할 수 있는 이 빅뱅의 전자기파를 우주배경

우주배경복사를 발견한 펜지어스와 윌슨. 뒤에 보이는 것이 그들이 사용한 홀름델 혼 안테나.

복사CBR: cosmic background radiation라 하는데, 빅뱅의 가장 확실한 증거라 하여 '빅뱅의 화석'이라 불린다. 실로 믿기 힘든 엄청난 발견이다.

재미있는 사실은, 이 마이크로파를 안테나로 잡게 된 것은 비둘기 똥 때문이었다는 것이다. 1964년 미국 통신회사의 두 연구원이 전파 안테나에 들어오는 정체 모를 잡음 때문에 골머리를 앓고 있었다. 아노 펜지어스와 로버트 윌슨이라는 두 물리학자는 소라 껍

*파장이 라디오파보다 짧고, 적외선보다 긴 전자기파의 한 종류. 파장은 1mm~30cm 사이로, 레이더, 휴대전화, 와이파이(Wi-Fi), 전자레인지 등에 다양하게 사용된다.

데기처럼 생긴 대형 안테나 안을 들여다봤다. 그런데 비둘기 한 쌍이 둥지를 틀었고, 사방에 비둘기 똥이 널려 있는 게 아닌가. 두 사람은 둥지를 옮기고, 비둘기 똥을 말끔히 치웠다. 그런데도 잡음은 여전했다. 그래서 대학에 있는 동료 물리학자에게 전화를 걸어, 무슨 전파인지 골치 아파 죽겠다고 투덜거렸다. 마침 그 대학 연구진은 일찍이 빅뱅 우주론자들이 예언했던 빅뱅의 마이크로파를 찾고 있던 중이었는데, 펜지어스가 투덜거린 그 잡음이 바로 우주를 탄생시킨 대폭발의 물증인 우주배경복사였던 것이다.

1965년 5월 21일자 〈뉴욕타임스〉는 이 발견을 '신호는 빅뱅 우주를 의미했다'는 제목을 달아 톱뉴스로 보도했다. 펜지어스와 윌슨은 그에 관해 짤막한 논문 한 편을 썼을 뿐인데도 1978년 노벨 물리학상을 받았다. 그래서 심통 난 다른 과학자들은 두 사람이 비둘기 똥을 치우다가 금덩이를 주웠다고 비아냥거리기도 했다.

어쨌든 빅뱅의 확실한 증거가 나타났고 이걸로 노벨 물리학상까지 받았으니, 빅뱅 우주론과 정상 우주론의 승부는 빅뱅 우주론 쪽의 완벽한 승리로 끝났다. 이로써 정상 우주론은 역사의 뒤편으로 퇴장할 수밖에 없었다.

지금도 우리는 이 우주배경복사를 직접 볼 수 있다. 어떻게? 텔레비전에 방송이 없는 채널의 지글거리는 줄무늬 중 1%는 바로 우주배경복사다. 138억 년이란 길고 긴 세월 저편에서 달려온 빅뱅의 잔재인 빛알(광자)이 지금 내 눈의 망막에서 긴 여정을 끝낸 거라고 생각해도 결코 틀린 말이 아니다.

ⓒwikipedia

빅뱅 우주론의 아버지인 조르주 르메트르. 그는 과학과 종교를 다 같이 믿었다.

빅뱅의 증거가 발견되었다는 소식은 임종을 앞둔 르메트르에게도 전해졌다. 비록 병상에 누운 몸이었지만 무척 기뻐했을 것이다. 자신의 이론이 맞다는 것이 마침내 증명되었으니까.

하지만 르메트르는 평생 신앙을 지켰던 과학자였다. 그는 젊었을 때 신부가 되기로 결심하고는 이렇게 말했다.

"진리에 이르는 길은 두 길이 있다. 나는 그 두 길을 다 가기로 결심했다."

이런 르메트르였지만 빅뱅 이론 때문에 로마 교황과 얼굴을 붉혔던 적이 있었다. 그때 교황은 비오 12세였는데, 르메트르의 빅뱅 이론이 『성서』 '창세기'의 창조를 과학적으로 입증해주었다고 호기

우주배경복사를 찾기 위해 발사된 플랑크 우주망원경과 우주배경복사 지도. 유럽우주국에서 2009년에 발사한 이 플랑크 우주선은 우주의 끝까지 뒤지며 우주배경복사 지도를 만들었다.

롭게 선언했던 것이다. 르메트르는 이 말에 크게 화를 내며, 개인적으로 종교와 과학을 섞는 것을 반대한다고 밝혔다. 그도 그럴 것이, 빅뱅 이론을 반대하는 쪽에 '신부니까 그런 이론을 만들었겠지' 하고 깎아내릴 빌미를 주기 때문이다.

일개 신부의 신분이었지만 르메트르는 빅뱅 이론을 종교적으로 언급하는 것을 삼가줄 것을 교황에게 건의했고, 그 후 비오 12세는 다시는 빅뱅이 창세기의 천지창조라고 주장하지 않았다. 교황에게 그렇게 하기란 보통 사람이라면 어려울 것이다. 르메트르는 과학계에서는 아인슈타인에게 항복을 받아내고, 종교에서는 교황에게 다짐을 받아낸 슈퍼맨이었다. 아마 역사상 유일할 것이다.

평생 신과 과학을 함께 믿었던 '빅뱅의 아버지' 르메트르는 1966년 72세에 우주로 떠났다. 우주도 우리처럼 생일이 있다고 우리에게 처음으로 가르쳐준 천문학자 조르주 르메트르! 진리에 이르는 '신앙과 종교'의 두 길을 다 성공적으로 걸어갔던 이 위대한 사람을 위해, 우주배경복사를 발견한 펜지어스의 소감을 추도문삼아 내려놓는다.

"오늘밤 바깥으로 나가 모자를 벗고 당신의 머리 위로 떨어지는 빅뱅의 열기를 한번 느껴보라. 만약 당신에게 아주 성능 좋은 FM 라디오가 있고 방송국에서 멀리 떨어져 있다면, 라디오에서 쉬쉬 하는 소리를 들을 수 있을 것이다. 이미 이런 소리를 들은 사람도 많을 것이다. 때로는 파도 소리 비슷한 그 소리는 우리의 마음을 달래준다. 우리가 듣는 그 소리에는 백 수십억 년 전부터 우주에서 밀려오고 있는 잡음의 0.5% 정도가 섞여 있다."

르메트르가 떠난 지 50여 년이 지난 2018년, 국제천문연맹(IAU)은 오스트리아 빈에서 열린 연례회의에서 '허블의 법칙'을 개명하는 찬반투표를 진행한 결과 78%가 찬성해 '허블·르메트르의 법칙'으로 이름을 바꾸었다. "법칙의 물리적 설명과 증거는 허블이 제시했지만, 르메트르 역시 관련 연구를 비슷한 시기에 수행해 우주 팽창을 수학적으로 유도한 업적을 다시 기리기 위한 것"이라고 설명했다.

빛이란 무엇일까?

놀라운 빛의 정체

우리는 빛이 있어 사물을 보고, 태양으로부터 에너지를 얻는다. 정보를 받아들이는 사람의 다섯 가지 감각 중에서 시각이 차지하는 비중이 압도적으로 크다. 그 비중을 보면, 시각 83%, 청각 11%, 후각 3.5%, 미각 1%다. 그래서 우리는 음악을 들으면서 공부할 수는 있어도, 텔레비전을 보면서는 공부할 수 없다.

그런데 이 빛의 정체를 정확히 안 것도 사실 얼마 되지 않는다. 역사가 시작된 이래, 빛이라는 현상은 끊임없이 사람들에게 호기심을 자아내게 한 수수께끼 같은 존재였다.

빛에 대해 처음으로 체계적인 연구를 한 과학자는 영국의 물리학자·천문학자·수학자 뉴턴이었다. 그는 햇빛을 프리즘으로 통과시키는 실험을 통해서 빛이 여러 가지 색으로 이루어졌음을 알아냈다. 그리고 그는 '빛은 발광체에서 생겨나 사방으로 퍼져나가는 엄청나게 많은, 아주 작은 입자로 구성된다'는 빛의 입자설을 주장했다. 이후 빛의 입자설은 빛의 파동설과 함께 오랜 경쟁을 벌였다.

어쨌든 17세기 말까지만 해도 과학자들은 빛이 속도를 가지고 있다는 사실조차 몰랐다. 빛은 무한대의 속도로 순식간에 전파된다고만 믿었다. 그러나

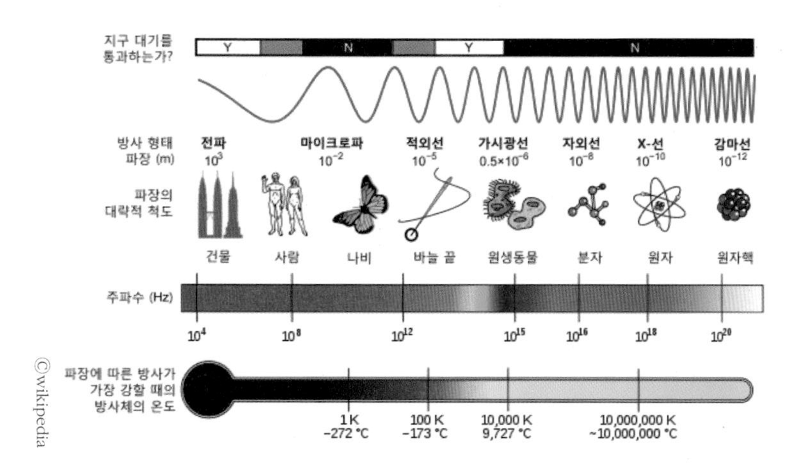

전자기파의 스펙트럼. 전자기파를 파장에 따라 분해해서 배열한 것. 일반적인 스펙트럼이 가시광선 영역에 대한 것이라면, 전자기 스펙트럼은 보다 넓은 전자기파의 범위에 대한 것이다.

빛이 1초 동안 30만 km, 곧 지구 7바퀴 반을 달린다는 사실을 지금 우리는 잘 알고 있다.

빛의 정체를 완벽하게 밝혀낸 사람은 영국의 물리학자 제임스 맥스웰(1831~1879)이다. 빛이란 게 알고 보니 놀랍게도 전자기파의 일종이었던 것이다! 가정의 전자레인지를 돌리고, 여러분의 휴대폰을 울리는 게 바로 이 전자기파다. 전자기파란 주기적으로 세기가 변화하는 전자기마당이 공간 속으로 전파해 나가는 현상으로, 전자파라고도 한다. 전자파를 너무 많이 쬐면 암도 걸린다.

1873년에 출간된 맥스웰의 『전자기론』에 의하면, 전기와 자기는 본질적으로 같은 것이다. 그리고 이들이 만들어내는 전자기마당의 출렁임, 즉 전자기파를 바로 우리가 '빛'이라고 부른다. 전자기파는 파장이 아주 짧은 것부터 엄청 긴 것까지 넓게 분포해 있는데, 우리가 빛이라 부르는 가시광선은 그 중 한 좁은 영역의 파장을 가진 전자기파다. 적외선, 자외선, X선, 감마선 등 모든 전자기파는 파장과 진동수만 다를 뿐, 한 형제인 '빛'이다.

가시광선, 곧 사람이 눈으로 볼 수 있는 빛은 파장이 약 800nm(나노미터)에서 400nm인 전자기파다(1nm는 10억분의 1m). 이 범위 내에서 초당 약 500조 번 진동하는 전자기파가 우리 눈에 들어오면 시신경을 자극하고, 시신경은 우리 뇌에 '빛' 신호를 전달한다.

맥스웰의 이 연구를 통해서 인류는 드디어 빛의 정체를 알아내게 된 것이다. 현대문명은 이 빛에 대한 지식 위에 세워진 것이라 해도 과언이 아니다.

하나님의 말씀이 바로 수소다!

앞에서 보았듯이 놀랍지만 우주도 우리처럼 생일이 있었다. 당연히 그 생일은 우주력으로 1년 1월 1일이겠다. 그날 0시 0분 0초부터 시간이 시작되었으니까.

이처럼 우주는 빅뱅에서 출발해 그로부터 시간과 공간, 물질의 역사가 시작되어 오늘에 이르고 있는 것이다. 그 속에는 나와 여러분의 존재도 모두 포함된다. 이쯤 되면 이런 질문을 하는 사람이 튀어나올 법하다.

"그럼 빅뱅 이전에는 무엇이 있었나요?"

그 질문에 대해 과학자들이 내놓은 답은 이렇다. "빅뱅에서 시간이 시작되었으므로 그 이전이란 의미가 없는 말이다."

그렇다. 변화가 없는 곳엔 시간 자체가 존재하지 않는다. 시간이란 물질, 곧 원자들의 운동 척도에 다름 아니다. 따라서 시간과 공간은 빅뱅 이후에 비로소 존재하게 된 것이다. 그러므로 "빅뱅 이전에 무엇이 있었나" 하는 질문은 무의미한 것이다. 지구 북극점 위에서서 북쪽이 어디냐고 묻는 거랑 비슷하다고 할까. 이차원 구면의 지구 북극점에서는 더 이상 북쪽이란 없다.

"그럼 빅뱅은 왜 일어났나요?" 하는 질문에 대해 과학자들은 "무無에서 저절로 필연적으로 일어난 것이다"고 답하며, "빅뱅의 원인은 관측될 수 없기에 과학적 연구의 대상이 아니다" 하고 말문을 닫는다. 빅뱅 이후의 관측 가능한 상황만이 과학적 연구 대상이라는 뜻이다. 곧, 빅뱅은 우주의 사건 지평선인 것이다.

그럼 빅뱅이 일어난 직후인 태초의 캄캄한 우주공간에 맨 처음 생긴 것은 무엇이었을까? 바로 'H', 원자번호 1번인 수소다. 수소는 양성자 하나와 전자 하나로 이루어진 가장 단순한 원소다.

세상의 모든 물질들이 다 원자로 이루어져 있다는 것은 상식이다. 우리 몸이나, 흙, 나무, 공기, 물 등등 원자로 만들어지지 않은 것이 하나도 없다. 그래서 노벨 물리학상을 받은 미국의 유명한 물리학자 리처드 파인만(1918~1988)은 이런 말을 남기기도 했다.

"다음 세대에 물려줄 과학지식을 단 한 문장으로 줄인다면 '모든 물질은 원자로 이루어져 있다'는 것이다."

이런 원자의 종류가 100여 가지 되는데, 양성자 1개를 가진 원자번호 1번인 수소에서부터 시작해 94번인 플루토늄까지 94종이 자연에서 발견되며, 나머지는 실험실에서 합성된 것이다. 세상의 모든 것들이 다 이런 원자로 이루어져 있다는 얘기다.

빅뱅의 우주공간에 최초로 나타난 물질은 수소였고, 수소들이 합쳐져 만든 헬륨(원자번호 2)도 약간 섞여 있었다. 앞에서 르메트르가 큰 폭발 후 연기로 가득 찼다고 했는데, 그 연기가 바로 수소 구름이었다!

그런데 이 수소는 불을 댕기면 무섭게 폭발하는 성질이 있다. 그리고 산소 역시 세차게 타는 원소다. 그런데 이 둘이 만나면 H_2O, 즉 불을 끄는 물이 된다. 맨 처음 물의 성분을 알아낸 화학자는 그 순간 경악했다고 한다. 엄청난 자연의 신비 아닌가! 그렇다면 앞서 말한 "만물의 근원은 물이다"라는 탈레스의 말도 그리 틀린 답은 아닌 셈이다. 최소한 50점은 줘야 할 것 같다.

『성서』를 보면 '하나님이 말씀으로 천지를 창조하셨다'는 성구가 나온다. 이 '말씀'이 로고스logos라 하는 건데, 할로 섀플리*라는 미국 천문학자는 "그 하나님의 말씀이 바로 수소였다"라고 재치 있게 표현하기도 했다.

자, 그러면 이로써 만물의 근원이 밝혀진 셈이다. 사람들이 그렇게 알고 싶어 하던 만물의 근원은 바로 원자번호 1번인 수소였던 것이다. 우주의 역사는 바로 이 수소의 진화의 역사라 해도 틀린 말은 아니다. 만약 탈레스나 라이프니츠가 살아서 이 소식을 들었다면 정말 기뻐했을 것이다. 이 엄청난 사실을 알아낸 후손들이 참 대견하다고 생각하지 않을까.

우리를 둘러싸고 있는 모든 것들은 이 수소에서 비롯된 것들이다. 여러분 몸은 10^{28}개의 각종 원자로 이뤄져 있는데, 그중 10분의 1이 바로 빅뱅의 우주공간에 나타났던 그 수소다. 과학자들은 그때

*미국의 천문학자(1885~1972). 구상성단 속 세페이드 변광성의 주기-광도 관계를 이용해 성단까지의 거리를 측정, 그 공간분포로 우리은하의 모습과 규모를 추정하고 태양계가 은하계 가장자리에 위치함을 밝혔다.

말고는 우주의 어떤 시간, 어떤 공간에서도 수소가 만들어질 수 없다고 한다. 그러니까 우리 몸도 알고 보면 138억 년이란 유구한 역사를 지니고 있는 셈이다.

내 몸이 그렇게나 오래된 물건으로 만들어져 있다는 사실이 참으로 놀랍지 않은가? 천문학자 칼 세이건의 말이 그것을 잘 표현하고 있다.

> "우리는 우주의 대표자들이다. 우리는 138억 년 우주가 진화하면서 수소 원자들이 무엇을 하는지를 보여주는 예시다."

이처럼 세상 만물은 수소에서 시작되었다. 이 수소가 어떤 과정을 거쳐서 지금 우리가 보고 있는 우주를 만들어냈는지 그 발자취를 따라가보자.

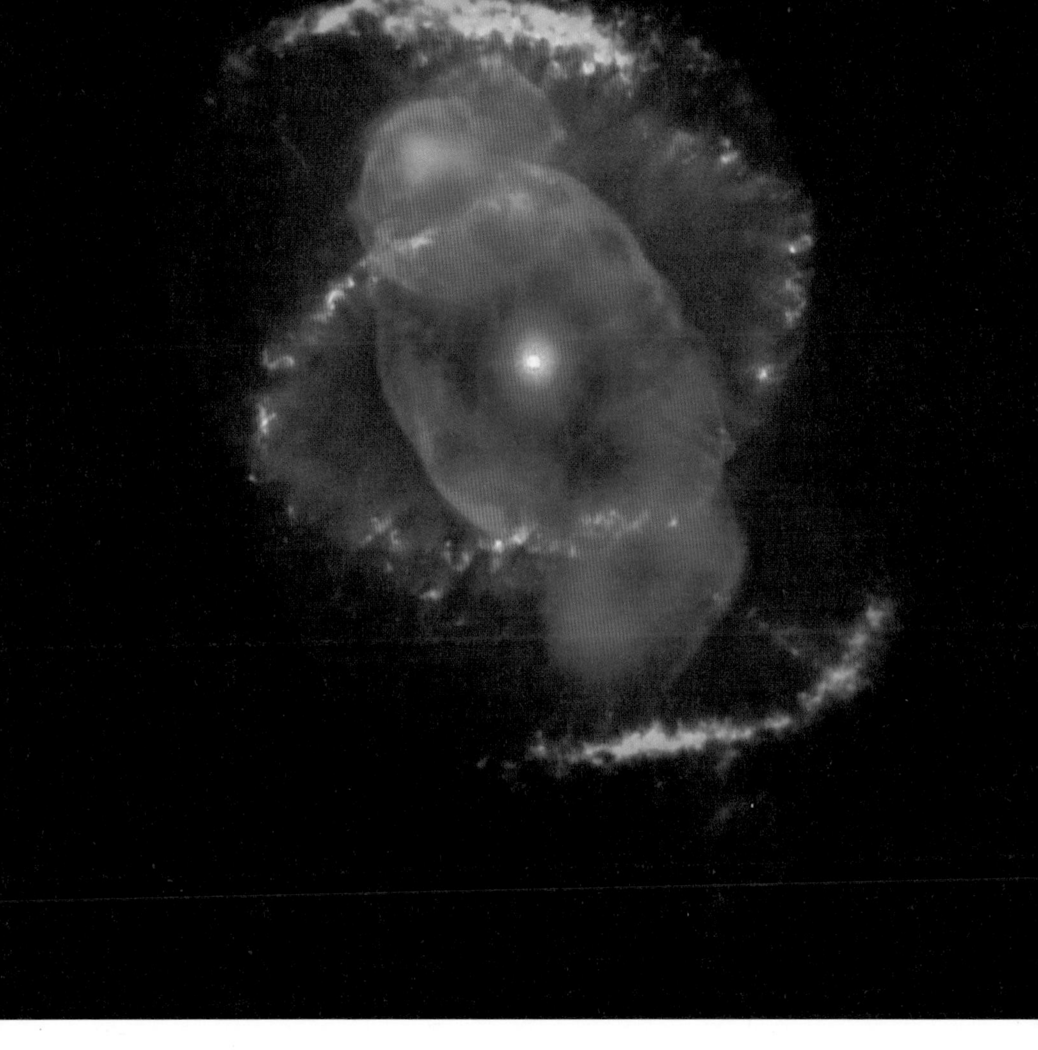

ⓒX-ray: NASA/UIUC/Y.Chu et al., Optical: NASA/HST

용자리에 있는 행성상 성운인 고양이 눈 성운(Cat's Eye Nebula). 약간의 성간물질 외에는 거의 수소로 이루어진 성운은 별들이 탄생하는 곳이다.

2강

만물의 근원인 수소가 맨 처음 한 일

"하늘과 땅이 내 나이와 같고,
만물은 결국 하나다."

- 장자(고대 중국 사상가)

오늘 밤도 뒷산에서 소쩍새가 운다. 그 소리를 들으면 봄밤에 잠들기가 쉽지 않다. 저 소쩍새의 몸을 이루고 있는 원소들도, 그 소리를 듣고 있는 나와 마찬가지로 다 별에서 온 것이다. 그 원소들은 46억 년 전 지구에 들어왔다가, 이윽고 저 소쩍새와 나를 만들었고, 오늘밤 내가 그 소리를 듣고 있는 것이다. 나와 소쩍새도 따지고 보면 얼마나 깊은 인연인가! 이처럼 우리 모두는 우주가 태어난 이래 오랜 여정을 거친 끝에 여기에 있게 된 것이다. 여러분이나 우리 77억 인류 모두 다 그렇게 해서 지금 여기에 있게 된 것이다. 생각해보면, 우주의 오랜 시간과 사랑이 우리를 키워온 거라 할 수 있다.

우주의 별이 많을까, 지구상 모래가 많을까?

맑은 날 밤하늘을 올려다보면 수많은 별들이 반짝인다. 계절이 가을로 접어들면 하늘은 더욱 맑아지고 보석처럼 반짝이는 별들이 밤하늘을 아름답게 수놓는다. 우리의 자랑스러운 시인 윤동주*의 시 '별 헤는 밤'의 계절도 가을이다.

> 계절이 지나가는 하늘에는
> 가을로 가득 차 있습니다.
> 나는 아무 걱정도 없이
> 가을 속의 별들을 다 헤일 듯합니다.

윤동주 시인은 하늘의 별을 '다 헤일 듯하다'고 했지만, 과연 다 셀 수 있을까? 현대 천문학은 불가능하다고 딱 잘라 말한다.

그런데 온 우주의 별 총수를 '계산'해낸 사람은 있다. 호주 국립대학의 천문학자들이 그 주인공이다. 이 대학의 사이먼 드라이버 박사는 우주에 있는 별의 총수는 7×10^{22}개라고 발표했다. 이 숫자는 7 다음에 0을 22개 붙이는 수로서, 이것은 7조 곱하기 1백억 개에 해당한다.

* 일제 강점기의 한국 시인(1917~1945). 만주 북간도에서 태어났다. 연희전문학교를 거쳐 일본에 유학했다가 1943년 독립운동을 했다는 의심을 받고 일본 경찰에 잡혀 규슈 후쿠오카 형무소에서 옥사했다. 광복 후 그의 유고를 모은 시집 『하늘과 바람과 별과 시』가 발간되었다.

이 숫자는 현대의 망원경으로 볼 수 있는 범위 내 별의 총수라고 한다. 우주는 인간의 상상을 초월할 정도로 너무나 크기 때문에, 우주 지평선 너머에서 오는 빛은 아직 우리에게 도착하지 못했다. 아니, 영원히 도착하지 못할 것이다. 우주가 계속 팽창해 공간이 늘어나고 있기 때문이다.

흔히 "우주의 별이 많을까, 지구 위의 모래가 많을까" 하는 질문을 하는데, 정답은 "우주의 별들이 지구의 모래보다 약 10배쯤 많다"다. 태양도 그런 별 중의 하나인데, 이 우주에는 저런 태양이 그처럼 많다는 사실이 참으로 놀랍지 않은가.

그런데 이처럼 많은 별들은 다 무엇으로 만들어진 걸까? 별을 이루고 있는 성분을 알려면 우리는 다시 태초의 빅뱅 우주공간으로 돌아가봐야 한다.

빅뱅으로 탄생한 우주에 이윽고 지름이 수십, 수백 광년이나 되는 원자구름 덩어리들이 만들어졌다. 바로 수소와 헬륨으로 된 원자구름이다. 물질들이 많이 모여 있으면 서로를 끌어당기는 중력이 생기게 된다. 그래서 이 원자구름들은 곳곳에서 중력으로 서서히 회전하기 시작하면서 거대한 회전원반으로 변해갔다.

구름 원반이 회전할수록 작고 단단하게 수축되면서 원반은 점차 회전 속도가 빨라지고 납작한 모습으로 변해간다. 피자 반죽을 빨리 회전시킬수록 납작해지는 것과 같은 이치다. 수축될수록 수소 원자의 밀도가 높아지면 이윽고 수소 구름 덩어리의 중앙에는 거대한 수소공이 자리 잡게 된다. 그리고 주변의 수소원자들은 중력의 힘에 의해 중심으로 떨어진다.

그 다음엔 어떤 일들이 벌어질까? 수축이 진행됨에 따라 밀도가 높아진 기체 분자들이 요란하게 충돌해, 내부 온도는 무섭게 올라간다. 가스공 내부에는 고온·고밀도의 상황이 만들어진다.

이윽고 온도가 1천만 도에 이르면 가스공 중심에 어떤 사건이 벌어진다. 수소원자 4개가 만나서 헬륨 핵 하나를 만드는 핵융합 반응이 시작된다. 이 과정에서 약간의 질량 결손이 나타나는데, 그 질량은 에너지와 물질이 같은 것임을 보이는 아인슈타인의 질량-에너지 등가 방정식인 '$E=mc^2$'에 의해 엄청난 에너지를 생산한다.

이 방정식의 위력은 1945년 일본의 히로시마와 나가사키에서 끔찍한 방식으로 증명되었다. 이런 핵에너지에 의해 수소공에 반짝 불이 켜지게 되고, 빛알(광자)이 만들어져 우주공간으로 방출되는 것이다. 이렇게 최초의 광자가 드넓은 우주공간으로 날아갈 때 비로소 별은 반짝이게 되는데, 이것이 바로 스타 탄생이다. 이처럼 별은 알고 보면 우주의 핵발전소라 할 수 있다.

지금도 우리은하의 나선팔을 이루고 있는 수소 구름 속에서는 아기별들이 태어나고 있다. 말하자면 수소 구름은 아기별들의 부화장인 셈이다. 별을 만드는 우주의 먼지구름을 흔히 성운星雲(nebula)이라 하는데, 이런 성운이 바로 별들의 고향이다.

별들이 이런 성운 안에서 태어날 때는 대개 무리지어 탄생한다. 이렇게 하나의 거대한 성운에서 비슷한 시간에 태어나 비슷한 성질을 갖는 별들의 모임을 성단星團(star cluster)이라 한다.

아기별들이 태어나고 있는 창조의 기둥(Pillars of Creation). 허블 우주망원경이 지구로부터 약 7천 광년 떨어진 독수리 성운의 성간가스와 성간먼지 덩어리를 촬영했다. 가장 큰 왼쪽 기둥의 길이는 무려 4광년(약 40조 km)에 달한다.

태양도 분명히 집단으로 태어났을 거라고 보는데, 우리은하를 20바퀴 도는 사이에 형제 별들이 뿔뿔이 흩어져버렸을 것으로 본다. 우주에는 2개 이상의 별이 서로의 주위를 도는 쌍성이 태양 같은 홑별보다 더 많다.

만물의 근원인 수소가 빅뱅 우주공간에 나타나 맨 처음 한 일은 뭉쳐져서 저렇게 별들을 만든 것이다. 지금 하늘에서 빛나고 있는 저 태양도 그처럼 수소가 만든 별이다.

별이 빛나는 이유를 알아낸 노총각 교수

지금까지 별들이 무슨 에너지로 저렇게 반짝이는지 살펴보았는데, 잘 믿기지 않겠지만 사실 별이 반짝이는 이유를 인류가 안 지는 100년도 채 되지 않았다. 인류가 수십만 년 전 지구상에 처음 나타난 이래 품었던 가장 큰 의문은 "해와 별들이 무엇으로 저렇게 빛나는가" 하는 것이었다. 19세기가 되도록 "태양이 뜨겁게 타는 것은 바로 석탄이 타기 때문"이라는 어처구니없는 주장을 하는 과학자들도 있었다.

그토록 오래 인류가 궁금해하던 '별이 빛나는 이유'는 20세기 중반에야 비로소 밝혀지게 되었다. 정말 최근의 일이다. 누가 이런 엄청난 우주의 비밀을 알아냈을까? 결혼도 하지 않은 미국의 한 노총각 교수가 바로 그 주인공인데, 나치를 피해 미국으로 망명한 독일 출신 물리학자 한스 베테다.

베테는 제2차 세계대전이 일어나기 직전인 1938년, 별 속에서 수소가 헬륨으로 바뀌는 핵융합으로 별이 에너지를 생성하는 과정을 처음으로 밝혀냈다. 수만 년 동안 별이 반짝이는 이유를 궁금해했던 인류는 베테 덕에 비로소 그 이유를 알게 되었던 것이다.

별이 반짝이는 이유를 처음 알아낸 베테에게는 이와 관련된 재미있는 얘기가 하나 있다. 32세 노총각인 베테가 애인과 함께 바닷가를 거닐고 있을 때, 여친이 문득 서녘 하늘을 가리키며 말했다. "어머, 저기 저 별 좀 봐. 정말 예쁘지?" 그러자 베테가 으스대면서 한 대꾸가 정말 놀라운 내용이었다. "응, 그런데 저 별이 빛나는 이유를 아는 사람은 세상에 나뿐이지."

얼마나 엄청난 말인가? 마침 그때가 논문을 발표하기 하루 전날이었다. 베테는 별의 에너지원 발견으로 1967년 노벨 물리학상을 받았다. 논문 발표 후 무려 30년 만에 받은 셈이다. 노벨상 선정위원회의 선정 이유는 다음과 같았다.

> "항성 에너지의 근원에 대한 교수님의 해법은 우리 시대 기초물리학의 가장 중요한 응용 가운데 하나로서 우리를 둘러싼 우주에 대한 이해를 더욱 깊게 해주었습니다."

베테는 그 밖에도 많은 과학적 업적을 남겨, 사람들은 독일이 미국에 준 가장 큰 선물은 한스 베테라 말하기도 했다. 인류에게 별

©Los Alamos National Laboratory

©Atomic Heritage Foundation

(좌) 한스 베테의 젊은 시절 (우) 노벨상 수상식에 참석한 베테 부부
한스 베테. 미국의 물리학자(1906~2005). 독일 출신이지만 어머니가 유대인이라는 이유로 나치의 박해를 받자 1933년 미국으로 망명한 후 코넬대 교수가 되었다. 리처드 파인만, 칼 세이건 등이 그의 후배 교수다.

이 반짝이는 이유를 처음으로 알려준 한스 베테는 2005년, 100세에서 꼭 한 살 빠지는 99세에 우주 속의 별에게로 돌아갔다.

마지막 임종의 자리를 지킨 사람은 그의 아내였다고 하는데, 여기서 재미삼아 깜짝 퀴즈 하나. "베테의 아내가 과연 그 옛날 바닷가에서 같이 데이트를 한 그 여성이 맞을까, 아닐까? 여러분은 어느 쪽인가? 손 번쩍~."

남녀 간의 화학변화는 너무나 난해한지라 필자도 처음엔 그게 좀 궁금했는데, 나중에야 알게 되었다. 바닷가 그 여성이 맞다! 이름은 로즈 베테. 이듬해 두 사람은 결혼해서 무려 66년을 같이 살다가 헤어진 것이다.

별도 사람처럼 생로병사를 거친다

하늘 높이 떠서 보석처럼 반짝반짝 빛나는 별. 나하고는 별 관계도 없는 것처럼 아득하게만 보이지만, 실은 전혀 그렇지가 않다. 여러분 자신과 아주 밀접한 관계가 있다. 그 관계를 파헤쳐보자.

별에는 놀라운 비밀이 숨어 있다. 별이 없었다면 사람은 물론, 어떤 생명체도 이 우주 안에 존재하지 못했을 것이다. 모든 생명체는 별로부터 그 몸을 받았다. 그러므로 별은 살아 있는 모든 것들의 어버이다.

하지만 별들도 우리처럼 태어나고 살다가 이윽고 늙어서 죽는다. 비록 그 수명이 수십억, 수백억 년이긴 하지만. 지금부터 길고 긴 별의 여정을 따라가보도록 하자.

수소 구름을 분만실 삼아 새로 태어난 별들은 크기와 색이 제각각이다. 아주 온도가 높은 푸른 별에서 낮은 온도의 붉은 별까지 다양하다. 항성(별)의 밝기와 색은 표면 온도에 달려 있는데, 그 원인은 별의 덩치, 곧 질량이다.

별의 밝기를 정한 등급은 절대등급*이 아니라 겉보기 등급**이다. 별의 밝기를 처음으로 수치를 이용해 나타낸 사람은 기원전 2세기 그리스의 천문학자 히파르코스***였다. 그는 눈에 보이

* 별을 곧 32.6광년 되는 일정 거리에 있다고 가정하고 그때의 밝기를 나타낸 등급.

** 지구의 관측자가 보는 별의 상대적 밝기를 등급으로 나타낸 것.

는 별 중 가장 밝은 별들을 1등급, 즉 1등성으로 하고, 가장 어두운 별을 6등성으로 정했다. 그리고 그 중간 밝기에 속하는 별들을 밝기 순서에 따라 2등성, 3등성으로 나누었다.

근래에 들어 별의 등급은 5등급의 차가 100배가 되도록 정해졌다. 따라서 1등성은 6등성보다 100배 밝으며, 1등급의 차에 해당하는 밝기는 약 2.5배다. 그러니까 2.5의 5제곱은 100이다. 단, 위에서 말한 별의 밝기 등급은 보통 지구에서 보이는 별의 밝기인 겉보기 등급을 뜻한다. 참고로, 1등성은 남-북반구 온 하늘에 21개가 있으며, 우리나라에서 볼 수 있는 1등성 개수는 15개다.

수소를 융합해 헬륨을 만드는 과정은 별의 일생에서 가장 긴 90%의 기간을 차지한다. 별의 생애 대부분을 차지하는 기간 동안 별의 겉모습은 거의 변하지 않는다. 태양이 50억 년 동안 변함없이 빛나는 것도 그런 이유에서다. 이 기간에 있는 별을 '주계열성'이라 한다. 별이 일정한 크기의 구형을 유지하는 것은 별 속의 핵융합 에너지가 별의 구성 물질을 바깥으로 밀어내는 힘과 별 자체의 중력이 균형을 이루고 있기 때문이다.

태양보다 50배 정도 무거운 별은 중력이 강해 핵융합이 빠르게 일어난다. 그래서 핵연료를 300만~400만 년 만에 다 써버리지만, 작은 별은 수백억, 심지어 수천억 년 이상 살기도 한다. 그러니 덩치

*** 고대 그리스의 천문학자(BC190~120경). 로도스 섬에서 정밀한 천체관측을 했다. 850개의 항성을 포함한 '항성표'를 처음으로 만들었으며, 별의 밝기 등급을 정했다.

크다고 자랑할 일만은 아닌 것 같다.

어쨌든 영원할 것 같은 별도 타고난 수명이 있어 인간처럼 생로병사의 길을 따라간다. 인간에 비할 수 없을 정도로 오랜 생이기는 하지만, 생자필멸은 별에게도 예외가 아닌 것이다.

여담이지만, '40세가 되어서는 미혹하지 않았다四十而不惑'고 '불혹'을 말한 공자에게 한 제자가 이런 돌직구를 던졌다. "사부님, 죽음이란 무엇입니까?" 여러분이라면 뭐라고 대답하겠는가? 요즘 유행어로 '갑분싸'일 것이다.

그런데 과연 공자님이었다. "삶을 모르는데, 죽음을 어찌 알랴(不知生이니 焉知死이료)?" 그냥 모른다는 것보단 훨씬 멋진 대답 아닌가? 과연 고수답다. 공자님 말씀을 영어로 옮긴다면 "Don't know life, how know death?"쯤 되겠다. 그런데 사실 공자님 대답이 멋지긴 하지만 정답이라고 보기는 어려울 것 같다. 대학논술에서 이렇게 적어냈다간 점수가 잘 안 나올 것이다.

내가 아는 한, 죽음에 대해 가장 탁월한 대답을 한 철학자는 바뤼흐 스피노자*로 보인다. 소싯적에 들었던 그의 명언 하나를 아직 기억한다. "내일 지구가 멸망한다 해도 오늘 나는 사과나무 한 그루를 심겠다." 어린 나이에 나는, 그 사람 참 사과를 억수로 좋아하는가 보다 생각했지만….

* 네덜란드의 철학자(1632~1677). "모든 것이 신이다"라고 하는 범신론汎神論 사상을 역설했다. 그에게 신이란 기독교적인 인격신이 아니고 '자연'이었다. "우주는 자연이자 신이다"고 말했다.

자유를 위해 대학교수 자리를 마다하고 렌즈 연마로 생계를 이어가다 진폐증으로 요절한 이 고매한 철학자는 죽음에 대해 이렇게 말했다. "자유로운 사람은 죽음을 생각지 않는다. 그의 지혜는 죽음이 아니라 삶의 숙고에 있다."

죽음에 골몰하기보다는 오늘 어떻게 살 것인가 고민하는 편이 훨씬 현명한 일이라는 뜻이리라. 나는 이 말이 공자님 말씀보다 더 영양가가 있지 않나 생각한다. 여러분도 누군가로부터 죽음에 대한 질문을 받게 된다면 이 답을 내놓으면 좋지 않을까?

별의 운명은 질량이 결정한다

별도 이처럼 사람과 마찬가지로 태어나고 살다가 죽지만, 별마다 죽음에 이르는 길이 다 같지는 않다. 그것을 결정하는 것은 딱 하나인데, 바로 별의 질량이다.

태양 질량의 8배에 못 미치는 별은 연료로 쓰이는 중심부의 수소가 바닥나기 시작하면, 별의 중심핵 맨 안쪽에는 핵폐기물인 헬륨이 남고, 중심핵의 겉껍질에서는 수소가 계속 타게 된다. 이 수소 연소층은 바깥으로 번져나감에 따라 점점 더 빨리 타게 되는데, 이게 바로 별이 늙었다는 표시다. 이윽고 별의 바깥층이 크게 부풀어 오르면서 벌겋게 변하기 시작해, 원래 별의 100배 이상 팽창한다. 이것이 바로 적색거성赤色巨星이다.

50억 년 후에 우리 태양이 이 단계에 이른다. 그때 태양은 수성과 금성의 궤도에까지 부풀어 두 행성을 집어삼킬 것이다. 시뻘건 태양이 지구 하늘의 반을 뒤덮고, 지구 온도를 2천 도까지 끌어올려 바다를 다 증발시킬 것이다. 하지만 여러분은 걱정하지 않아도 된다. 아득히 먼 훗날의 일이니까.

별은 수소가 다 소비될 때까지 적색거성으로 살아가다가, 이윽고 수소가 다 타버리고 나면 스스로의 중력에 의해 안으로 무너져 내린다. 중력 붕괴다. 중력 수축이 진행될수록 내부의 온도와 밀도가 계속 올라가 마침내 1억 도가 되면, 이번엔 헬륨이 핵융합을 시작한다. 이렇게 별의 내부에 다시 불이 켜지면, 진행되던 붕괴는 멈춰지고 별은 헬륨을 태워 그 마지막 삶을 시작한다.

태양 크기의 별이 헬륨을 태우는 단계는 약 1억 년 동안 계속된다. 헬륨 저장량이 바닥나면 별은 다시 수축하다가, 이윽고 마지막 단계의 핵융합을 일으켜 별의 바깥 껍질을 우주공간으로 날려버린다. 이때 태양의 경우, 자기 질량의 거반을 잃어버린다.

태양이 뱉어버린 이 허물들은 태양계의 먼 변두리, 해왕성 바깥까지 뿜어져나가 찬란한 쌍가락지를 만들어놓을 것이다. 이것이 바로 행성상 성운Planetary Nebula으로, 생의 마지막 단계에 들어선 별의 모습이다. 행성상 성운이란 망원경이 없던 시절에 꼭 행성처럼 보였기 때문에 붙여진 이름으로, 행성하고는 아무 상관없다.

껍데기를 날려버린 별은 어떻게 될까? 탄소와 산소로 이루어진 별의 속고갱이만 남아, 서서히 식으면서 수축을 계속해 고온·고밀

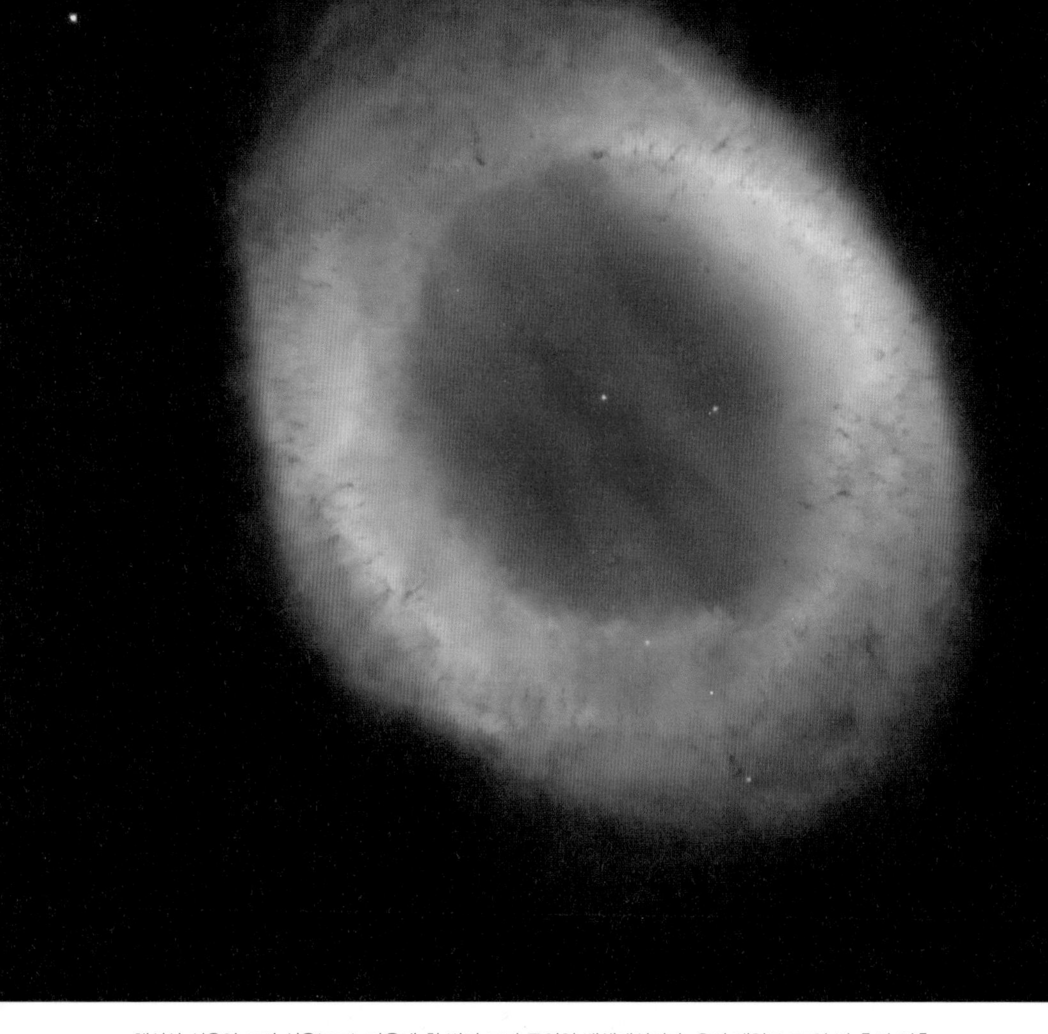

행성상 성운인 고리 성운(M57). 가운데 흰 별이 고리 주인인 백색왜성이다. 우리 태양도 70억 년 후면 외층을 날려버리고 저런 행성상 성운이 된다. 거대한 먼지 고리는 해왕성 궤도까지 미칠 것이다.

도의 흰 별이 된다. 이것을 백색왜성白色矮星(white dwarf)이라 한다. 태양의 경우 크기가 거의 지구만 해지는데, 원래 별 크기의 100만분의 1의 공간 안에 물질이 압축된다. 이 초밀도의 천체는 찻술 하나의 물질이 1톤이나 된다. 사람이 만약 이 별 위에 내려선다면 5만 톤의 중력으로 즉시 콩가루가 되고 말 것이다.

운 좋으면 초신성 폭발을 볼 수 있다

태양보다 8배 이상 무거운 별들에게는 매우 다른 임종이 기다리고 있다. 큰 별의 질량이 가져오는 붕괴는 엄청난 열을 발생시키고, 내부 온도가 3억 도를 넘어서면 탄소가 연소하기 시작한다.

이후 핵융합 반응이 한 단계씩 진행될 때마다 별 속에는 네온, 마그네슘, 규소, 황 등의 순으로 여러 무거운 원소층이 양파 껍질처럼 켜켜이 쌓인다. 핵융합 반응은 마지막으로 별의 가장 깊은 중심에 철을 남기고 끝난다.

별의 원자로에서는 철보다 더 무거운 원소를 만들어낼 수는 없다. 철이 모든 원소 중 가장 안정된 원소로, 철을 만드는 융합 반응에서는 에너지가 소모되기 때문이다.

마지막 핵폐기물인 철로 된 중심핵이 점점 더 커지면, 자신의 무게를 지탱하지 못해 내부로 무섭게 무너져내리기 시작한다. 이른바 중력붕괴다. 이 마지막 붕괴는 참상을 빚어낸다.

마침내 수축이 멈추고 잠시 잠잠하다가, 이내 용수철처럼 튕기면서 세차게 폭발한다. 이것이 바로 초신성超新星(supernova)으로, 태양 밝기의 수십억 배나 되는 빛으로 우주공간을 밝혀, 우리은하 부근이라면 대낮에도 맨눈으로 볼 수 있을 정도가 된다.

수축의 시작에서 대폭발까지의 시간은 겨우 몇 분에 지나지 않는다. 거대한 항성의 임종으로서는 너무나 찰나에 끝나는 셈이다. 그야말로 우주 최대의 드라마다.

사실 새로운 별이 아닌데도 초신성이라는 이름이 붙은 것은 옛사람들이 보기에 새로운 별처럼 보였기 때문이다. 이 초신성은 한 은하에서 100년에 한 번 꼴로 나타나는 정도로 드문 사건이다.

그런데 우리은하에서 조만간 초신성 하나가 터질 거라는 소식이 있어 세계의 천문학자들로부터 관심을 한몸에 받고 있는 별 하나가 있다. 바로 방패연처럼 생긴 오리온자리 왼쪽 윗모퉁이에서 반짝이는 1등성 베텔게우스라는 붉은 별이다.

지구에서 이 별까지의 거리는 640광년이다. 오늘밤 내가 보고 있는 베텔게우스의 별빛은 640년 전에 그 별에서 출발한 빛이다. 그러니까 우리는 640년 전 과거의 베텔게우스를 보고 있는 셈이다. 우주는 공간이 바로 시간이다. 이 별은 크기가 무려 태양의 900배, 밝기는 50배다. 어마무시한 적색거성이다. 이걸 태양 자리에 끌어다놓는다면 화성 궤도까지 잡아먹을 만한 크기다.

이 별이 거의 수명을 다해 조만간 폭발할지도 모른다고 한다. 나이가 730만 년인데, 1천만 년도 제대로 못 사는 셈이다. 너무 덩치

어두워지기 전의 오리온자리
베텔기우스는 맨 위의 붉은 별.

©Carlos Fairbairn, 2019

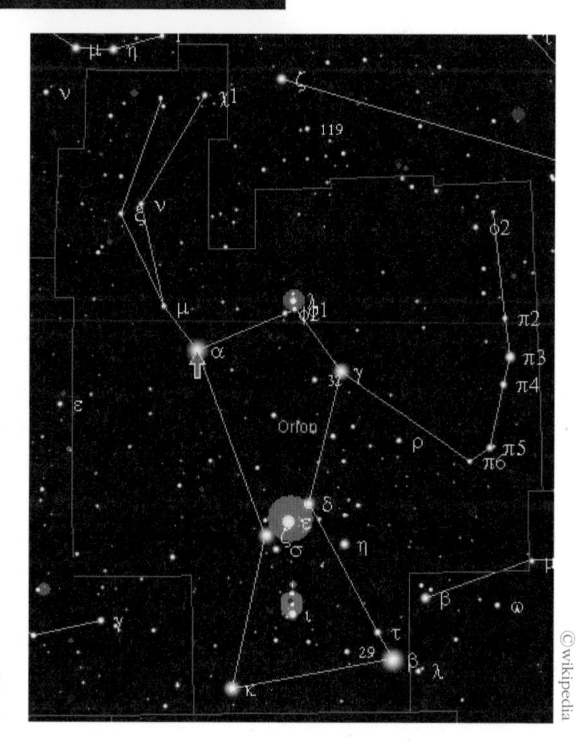

©wikipedia

초신성 폭발을 앞두고 있는
오리온자리의 베텔게우스(분홍 화살표).

가 커서 핵융합 반응이 격렬하게 일어나기 때문이다. 그 별이 이미 폭발했을 수도 있고, 아니면 적어도 수천 내지 수만 년, 최대치로 잡아 1백만 년 내로 폭발할 거라 한다. 1백만 년이래야 우주의 척도로 보면 오늘내일 정도밖엔 안 되는 '조만간'이다.

베텔게우스가 태어날 때는 태양 질량의 20배 정도였지만, 그 동안 엄청난 질량을 방출해 지금은 11배 정도가 되었다. 따라서 가장 유력한 시나리오는 계속 핵융합을 하다가 중심핵에 철만 남는 순간 초신성 폭발을 일으키는 것이다.

이런 거성들이 폭발하면 어마어마한 양의 방사능을 쏟아내는데, 이에 비하면 일본 후쿠시마 방사능은 구우일모九牛一毛에 지나지 않는다. 그러니까 초신성이 폭발하는 데 얼씬거리다간 큰일난다. 하지만 워낙 멀어 폭발하더라도 지구에 별다른 영향은 끼치지 않을 거라니, 안심해도 될 듯하다.

이 별이 폭발하면 어떻게 될까? 초신성 폭발이란 우주의 최대 드라마로, 한 은하가 내놓는 빛보다 더 많은 빛을 내기 때문에 일단 지구 행성에서 약 2주간 밤이 없어질 것이다. 말하자면 낮에는 태양이, 밤에는 베텔게우스가 지구를 환히 비춰주는 신기한 현상을 보게 된다는 것이다. 이후 베텔게우스는 2~3개월 동안 밝게 빛나다가 빠르게 어두워질 것이다.

문제는 베텔게우스의 정확한 폭발 시점이다. 앞으로 100만 년 이내에 언제라도 가능하지만, 내년이 오기 전에 일어날 가능성도 있다고 한다.

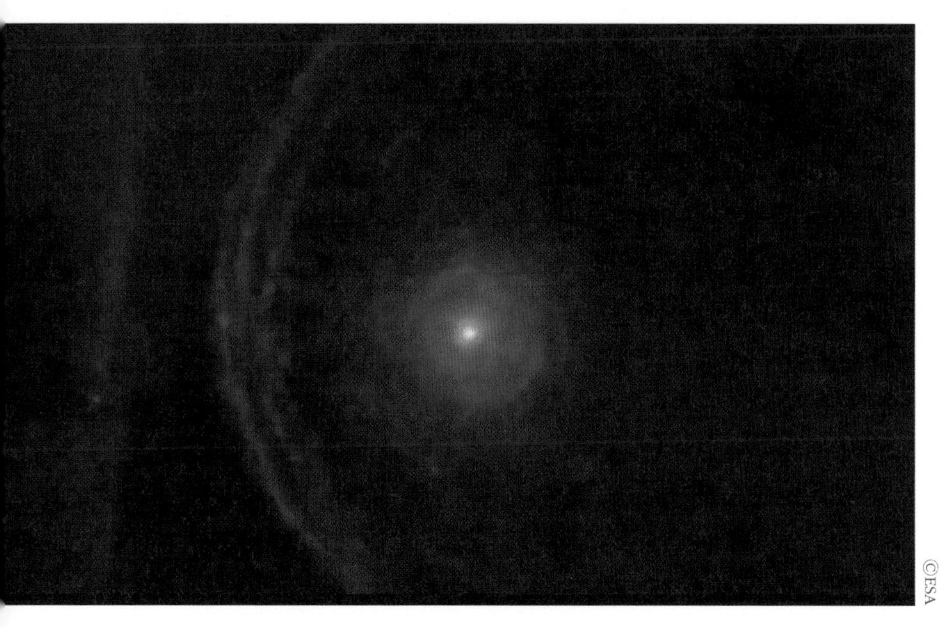

유럽 우주국의 허셜 망원경으로 잡은 베텔게우스의 모습.

그런데 이 별이 벌써 터졌을 거라고 말하는 일부 천문학자들도 있다. 현장에선 터졌다고 하더라도, 그 빛이 우리에게까지 오려면 무려 640년이 걸리기 때문이다. 640년이라면 이성계가 고려 왕조를 무너뜨리기 위해 위화도에서 군사를 돌릴 때쯤부터 지금까지의 시간이다.

어쨌든 초신성이 대폭발을 일으키는 순간 몇 조 도에 이르는 높은 온도가 만들어지고, 이 온도에서 깨어진 원자핵에서 해방된 중성자들은 다른 원자핵에 잡혀 은, 금, 우라늄 같은 무거운 원소들을 만든다. 이 같은 방법으로 주기율표에서 철을 넘는 다른 중원소들이 항성의 마지막 순간에 제조되는 것이다. 별이 폭발할 때 순간적으로 만들어지는 것이므로 그 양이 많지는 않다. 이것이 금이 쇠보다 비싼 이유다.

별은 이렇게 일생 동안 내부에서 만들어냈던 모든 원소들을 대폭발과 함께 우주공간으로 날려 보내고, 오직 작고 희게 빛나는 핵심만 남긴다. 이것이 바로 지름 20km 정도의 초고밀도 중성자 별로, 각설탕 하나 크기의 무게가 무려 1억 톤이나 된다.

한편 중심핵이 태양의 2배보다 무거우면 중력 수축이 멈춰지지 않아 별의 물질이 중심의 한 점으로 떨어져 내린다. 그러면 마지막엔 어떻게 될까? 중력이 극한으로 강해 빛도 빠져나올 수 없다는 블랙홀이 만들어진다.

지금까지 발견된 별 중에서 가장 큰 별은 도대체 얼마나 클까? 자그마치 태양 지름의 약 1,708배인 24억 km다. 방패자리 UY란 별로, 지구로부터 약 9500광년 떨어져 있는 적색 초거성이다. 이 별을 태양 자리에 끌어다놓으면 목성 궤도를 잡아먹고 토성 궤도에까지 미친다. 비행기를 타고 지구를 한 바퀴 도는 데는 이틀이면 된다. 그러나 이 별을 한 바퀴를 도는 데는 무려 1천 년이나 걸린다. 하나의 물건이 이토록 크다니, 참 놀라운 일 아닌가. 유튜브에도 나와 있으니 한번 찾아보기 바란다.

사람이 별먼지로 만들어졌다고?

찬란하고 장엄한 별의 일생은 대개 이쯤에서 끝나지만, 그 뒷얘기가 어쩌면 우리에게 더욱 중요할지도 모른다. 적색거성이나 초신성이 최후를 장식하면서 뿜어낸 별의 찌꺼기들은 우주공간을 떠돌다가 다시 같은 길을 밟아 별로 태어나기를 거듭한다. 말하자면 별의 윤회인 것이다.

은하 탄생의 시초로 거슬러 올라가보면 수없이 많은 초신성 폭발의 찌꺼기들이 태양과 행성, 우리 지구를 만들었을 것이다. 우리 은하의 역사를 통틀어, 지금까지 약 2억 개의 초신성 폭발이 있었을 것으로 보고 있다. 지구 무게 중 절반을 차지하는 산소를 비롯해, 지구를 이루고 있는 모든 물질은 수소만 빼고는 모두 별과 초신성에서 만들어진 것이다. 말하자면 별은 우주의 주방장인 셈이다. 모든 원소들은 별의 레시피로 만들어진 것이라 할 수 있다.

어쨌든 이런 과정을 거쳐서 우리 몸을 이루고 있는 원소들, 곧 피 속의 철, 뼈 속의 칼슘, 갑상선의 요오드, 머리칼의 탄소 등 원자 알갱이 하나하나가 전부 별 속에서 만들어진 것들이다. 이것은 비유가 아니라 과학이고 실화다.

우리는 별에서 몸을 받아 태어난 별의 자녀라고 할 수 있다. 말하자면 '메이드 인 스타'다. 만약 별의 죽음이 없었다면, 죽으면서 아낌없이 제 몸을 우주로 내놓지 않았다면 여러분이나 나, 그 어떤 인류도 존재하지 않았을 것이다. 이것이 나와 별, 나와 우주의 관계다.

은하계 속에서 태양계의 위치를 맨 처음 알아내 인류에게 보고한 미국 천문학자 할로 섀플리(1885~1972)는 이런 멋진 명언을 남겼다.

> "우리는 뒹구는 돌들의 형제요, 떠도는 구름의 사촌이다(We are the brothers of the rolling stones and the cousins of the floating clouds)."

우리 선현들은 이것을 사자성어로 말했다. 물아일체物我一體! 우리 인류는 1백 년 전만 해도 이런 사실을 전혀 몰랐다. 말하자면 근본도 모른 채 살아온 셈이다. 이제 우리는 현대 천문학에 힘입어 우리가 어디서 왔는지 그 근본을 알게 되었다. 밤하늘에 반짝이는 저 별들이 우리의 고향이었던 것이다.

우리 모두는 어버이 별에게서 몸을 받고 태어난 존재다. 우리가 별을 사랑하고 동경하는 것은 어쩌면 그 때문인지도 모른다.

봄이 되면 뒷산에서 소쩍새가 운다. 그 소리를 들으면 봄밤에 잠들기가 쉽지 않다. 저 소쩍새의 몸을 이루고 있는 원소들도, 그 소리를 듣고 있는 나와 마찬가지로 다 별에서 온 것이다. 그 원소들은 46억 년 전 지구에 들어왔다가, 이윽고 저 소쩍새와 나를 만들었고, 오늘밤 내가 그 소리를 듣고 있는 것이다. 나와 소쩍새도 따지고 보면 얼마나 깊은 인연인가!

이처럼 우리 모두는 우주가 태어난 이래 오랜 여정을 거친 끝에 여기에 있게 된 것이다. 여러분이나 우리 70억 인류 모두 다 그렇

©NASA, ESA, Hubble, J. Hester, A. Loll (ASU)

황소자리에 있는 초신성 잔해 게성운. 모양이 게와 흡사해 붙여진 이름이다. 초신성 폭발로 우주로 뿌려진 별의 물질에서 지구도 태어났고, 우리도 태어났다.

게 해서 지금 여기에 있게 된 것이다. 생각해보면, 우주의 오랜 시간과 사랑이 우리를 키워온 거라 할 수 있다.

오늘밤 바깥에 나가 하늘의 별들을 바라보라. 저 아득한 거리에서 반짝이는 별들에 그리움과 사랑스러움을 느낄 수 있다면, 여러분은 진정 우주적인 사랑을 가슴에 품은 사람이라 할 수 있다.

평생을 함께 밤하늘을 관측하다가 나란히 묻힌 어느 두 여성 별지기의 묘비에는 다음과 같은 글이 새겨져 있다고 한다.

"우리는 별을 너무나 사랑한 나머지 이제는 밤을 두려워하지 않게 되었다We have loved the stars too truly to be fearful of the night."

별자리는 대체 무엇에 쓰는 물건인고?

하늘은 88번지까지 있다

한자로 성좌星座라고 하는 별자리constellation는 한마디로 하늘의 번지수다. 땅에 붙이는 번지수는 지번地番이라 하니, 별자리는 천번天番쯤 되겠다. 이 하늘의 번지수는 88번지까지 있다. 별자리 수가 남북반구를 통틀어 88개 있다는 말이다. 이 88개 별자리로 하늘은 빈틈없이 경계 지어져 있다. 물론 별자리의 별들은 모두 우리은하에 속한 것이다.

비교적 최근인 1930년, 국제천문연맹IAU 총회에서 온 하늘을 88개 별자리로 나누고, 황도를 따라 12개, 북반구 하늘에 28개, 남반구 하늘에 48개의 별자리를 각각 정한 다음, 종래 알려진 별자리의 주요 별이 바뀌지 않는 범위에서 천구상의 적경·적위에 평행한 선으로 경계를 정했다. 이것이 현재 쓰이고 있는 별자리로, 이 중 우리나라에서 볼 수 있는 별자리는 67개다. 그 중 오리온자리만이 유일하게 1등성 두 개(베텔게우스·리겔)를 가진 별자리다.

이런 별자리들은 예로부터 여행자와 항해자의 길잡이였고, 야외생활을 하는 사람들에게는 밤하늘의 거대한 시계였다. 지금도 이 별자리로 인공위성이나 혜성을 추적한다.

별자리로 묶인 별들은 사실 서로 별 연고가 없는 사이이다. 거리도 다 다른 3차원 공간에 있는 별들이지만, 지구에서 보아 2차원 구면에 있는 것으로 간

주해 억지춘향식으로 묶어놓은 데 지나지 않은 것이다. IAU가 그렇게 한 것은 하늘에서의 위치를 정하기 위함이다. 말하자면 별자리는 IAU가 하늘에다 박아놓은 빨간 말뚝인 셈이다.

별들은 지구의 자전과 공전에 의해 일주운동과 연주운동을 한다. 따라서 별자리들은 일주운동으로 한 시간에 약 15도 동쪽에서 서쪽으로 이동하며, 연주운동으로 하루에 약 1도씩 서쪽으로 이동한다. 다음날 같은 시각에 보는 같은 별자리도 어제보다 1도 서쪽으로 이동해 있다는 뜻이다. 때문에 계절에 따라 보이는 별자리 또한 다르다.

우리가 흔히 계절별 별자리라 부르는 것은 그 계절의 저녁 9시경에 잘 보이는 별자리들을 말한다. 별자리를 이루는 별들에게도 번호가 있다. 가장 밝은 별로 시작해서 알파(α), 베타(β), 감마(γ) 등으로 붙여나간다.

별이 일주운동을 할 때 북극성을 중심으로 도는데, 이는 지구의 자전축이 북극성을 가리키고 있기 때문이다. 북극성을 찾는 것은 북두칠성을 이용하면 쉽다. 북두칠성 됫박의 끝 두 별 거리의 5배를 연장하면 북극성에 닿는다. 예전엔 천체관측에 나서려면 별자리 공부부터 해야 했지만, 요즘에는 별자리 앱을 깔고 스마트폰을 밤하늘에 겨누면 별자리와 유명한 별의 이름까지 가르쳐주니 별자리 공부 부담은 덜게 되었다.

만고에 변함없이 보이는 별자리도 사실 오랜 시간이 지나면 그 모습이 바뀐다. 별자리를 이루는 별들은 저마다 거리가 다를 뿐만 아니라, 항성의 고유운동으로 인해 1초에도 수십~수백 km의 빠른 속도로 제각기 움직이고 있다. 다만 별들이 너무 멀리 있기 때문에 그 움직임이 우리 눈에 띄지 않을 뿐이다. 그래서 고대 그리스에서 별자리가 정해진 이후 별자리의 모습은 거의 변하지 않았다. 별의 위치는 2천 년 정도의 세월에도 변화가 거의 없었다는 것을 말해준다.

하지만 더 오랜 세월, 한 20만 년 정도가 흐르면 하늘의 모든 별자리들이 완전히 변모한다. 그때까지도 지구상에 인류가 생존한다면 그들은 지금 밤하늘과는 전혀 다른 모양의 별자리들을 보게 될 것이다. 그렇다고 별자리마저 덧없다고 여기지는 말자. 기껏 해야 백 년도 못 사는 인간에겐 그래도 별자리는 만고불변의 하늘 지도이고, 당신을 우주로 안내해 줄 첫 길라잡이니까.

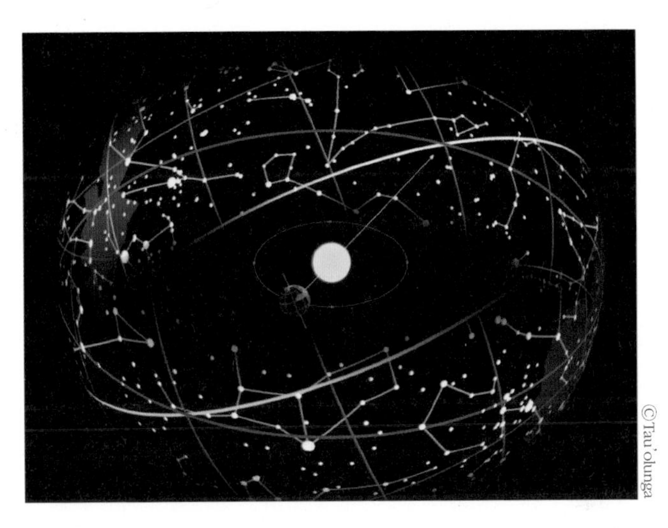
©Tau'olunga

태양을 공전하는 지구에서 볼 때 태양이 천구에서 주야평분선(청백색 선)에 대해 기울어져 있는 황도(붉은색 선)을 따라 움직이는 것으로 보인다.

별자리로 보는 별점, 정말 맞을까?

인류 3분의 1이 믿는다

요즘도 잡지나 일간지에 '오늘의 운세'라든가 '별점 코너' 같은 게 실려 있는 것을 심심찮게 볼 수 있다. 과연 별자리 점이 맞을까? 달에도 가는 지금 세상에 아직도 그런 걸 믿는 사람이 있나 생각하기 쉽지만, 독일의 한 여론조사 기관이 조사한 결과, 응답자의 3분의 1이 별점을 믿는 경향을 보였고, 반 가까운 사람들이 다소 믿는 쪽이라는 조사결과를 내놓았다. 인류 전체로 확대해봐도 비슷하지 않을까 싶다.

별점은 서양의 점성술astrology에서 나온 것이다. 인간세계에서 일어나는 모든 일들은 천문학상의 현상과 깊은 관계가 있다고 믿는 신앙체계에서 나온 것이 바로 점성술이다. 고대 이집트인들은 시리우스가 지평선 위로 떠오르면 곧 우기가 시작되고 나일강이 범람한다는 것을 알았다. 이는 농사준비를 서둘러야 한다는 것을 뜻한다.

이처럼 별의 운행을 보고 미래에 일어날 자연현상을 예측하는 패턴 읽기는 어느덧 역전되어, 시리우스가 뜸으로써 나일강이 범람하는 것으로 인식하기에 이르렀다. 이것이 천체의 운행을 사람의 운명과 결부시키게 된 동기다. 점성술의 탄생은 여기서 비롯되었다.

점성술의 시조는 최초로 황도 12궁 별자리를 만든 바빌로니아의 칼데아인으로 추정되고 있다. 기원전 1700년부터 1500년 사이에 이 지역에서 만들어진 비석을 살펴보면, 7개 행성(태양·달·수성·금성·화성·목성·토성)의 위치와 전쟁, 기근, 왕위 교체 등과 관련된 예언이 발견되고 있다. 이것이 점성술에 관해 확인할 수 있는 가장 오래된 문헌이다. 이후 이들은 기원전 625년 신바빌로니아 제국을 건설했고, 점성술은 서서히 체계를 갖추어갔다.

황도 12궁과 일곱 행성과의 관계에서 성립된 고대 바빌로니아의 점성술에서 태양과 달을 포함하는 7개의 행성은 신이며, 의지를 갖고 움직이는 존재들이었다. 그들이 모두 같은 궤도 위에서 움직이기 때문에, 각 궁에 나름대로의 의미가 생성되어 각각의 행성과 그 행성이 머무는 궁과의 관계도 예언 속에서 연관 맺게 되었다. 그 결과, 구체적이고 다방면에 걸친 예언이 가능해지게 되었다. 이 바빌로니아 점성술은 유럽뿐만 아니라 널리 이집트, 인도까지 퍼져나갔다.

기원 2세기 천동설의 결정판인 『알마게스트Almagest』를 쓴 프톨레마이오스도 생업은 점성술사였다. 하긴 천문학을 하면서 점성술로 밥을 먹은 사람은 그뿐이 아니다. 17세기에 행성운동의 3대 법칙을 발견한 불세출의 천문학자 요하네스 케플러도 궁해지면 점성술로 돌아오곤 했다. 이렇게 슬픈 자기 합리화를 하면서. "점성술은 어머니인 천문학을 먹여 살리는 비참한 딸일 뿐이다."

그 시절에는 천문학과 점성술의 경계가 모호하기는 했다. 코페르니쿠스의 지동설이 갈릴레오와 케플러에 의해 굳건히 자리 잡음에 따라 천문학과 점성술은 비로소 확연히 나뉘게 되었고, 점성술은 크게 힘을 잃기에 이르렀다.

1755년 11월 1일 토요일 기독교 만성절萬聖節 날 아침, 포르투갈의 리스본에 진도 9의 대지진이 일어났다. 포르투갈 왕국을 덮친 역대급 재앙인 리스본 대지진은 화재와 해일까지 일으켜 리스본의 건물 중 85%가 파괴되고 10만 명 가까운 사람들이 희생되었다. 역사상 최악의 지진이었다. 당시 충격받은 유럽 지식층 일각에서는 이런 말이 나왔다. "만약 점성술이 맞다면 각기 다른 별자리에 태어난 10만 명의 사람이 어찌 한날한시에 다 같이 죽을 수 있단 말인가?"

현대 서양 점성술에서 사용되고 있는 것은 주로 황도 12궁이다. 12궁의 각각은 탄생 시기를 나타내며, 사람의 성격을 분석하고 점성학적 자료를 통해 미래를 예측한다. 동양에서 12간지로 하는 띠별 운세와 비슷하다. 점성술사는 새로 바뀐 별자리에는 관심을 두지 않으며, 천체의 실제 위치보다는 2천 년 넘게 내려온 오래된 별자리를 이용해 관습적으로 점을 본다. 별점을 믿고 안 믿고는 개인이 선택할 문제임을 알 수 있다.

별자리를 그린 천문 시계.

3강

우주는 무엇으로 이루어져 있나?

"경이로움이 없는 삶은
살 가치가 없다."
- **아브라함 헤셸**(유대교 신학자)

우주에 존재하는 별들은 병사들처럼 모두 소속 부대가 있다. 별들은 우주공간에 아무렇게나 흩어져 있는 것이 아니라, 죄다 어떤 은하에 소속되어 있다는 뜻이다. 태양이 우리은하에 속해 있듯이. 은하가 집이라면 별은 그 집을 이루는 벽돌과도 같은 존재다. 별들이 모여 사는 도시, 은하 속에서는 쉼 없이 새로운 별들이 태어나고 늙은 별들은 죽는다. 우주의 물질을 성분에 따라 나눠보면 90%가 수소이고, 8%가 헬륨, 그리고 나머지 2%는 중원소이다. 비록 전체 속에서 비중이 얼마 안 되지만, 이 2%의 중원소가 지구를 만들고 우리와 같은 생명을 탄생시킨 것이다.

은하, 은하수, 우리은하 _ 어떻게 다를까?

별의 탄생과 죽음을 둘러보았으니 이젠 그 별들이 모여 사는 부락, 은하銀河로 진출할 시간이다. 별들이 모여 우리은하와 같은 은하를 만들기 때문에 은하는 '별들의 도시'라고 할 수 있다. 은하가 집이라면, 별은 그 집을 이루는 벽돌과도 같은 존재다.

그러나 우주는 너무나 광대하기 때문에 별들만으로는 그 구조가 파악되지 않는다. 따라서 우주를 이루는 벽돌, 즉 기본 단위는 은하로 한다. 은하들의 거대 구조가 우주의 구조를 만들고 있는 것이

다. 이런 은하들이 거의 2조 개나 된다는 것이 최근 연구결과에서 밝혀졌다. 지구에서 복닥거리고 사는 인구가 70억인데, 그 300배인 2조라니 얼마나 엄청난 숫자인지 실감하기 어려울 정도다.

은하를 공부하기 전에 우리가 먼저 짚어둬야 할 점은 은하, 은하수, 우리은하라는 용어들의 정확한 뜻이다. 이것들을 마구 뒤섞어 쓰는 책이나 사람들이 있어 혼란을 주고 있기 때문이다.

'은하'는 일반명사로, 영어로는 갤럭시galaxy라 한다. 그리고 '은하수'는 지구의 밤하늘에 구름 띠 모양으로 길게 뻗어 있는 수많은 천체의 무리를 가리키는 고유명사다. 서울을 가로질러 흐르는 강을

©ESO/H.H. Heyer

360° 파노라마로 찍은 은하수. 유럽 남반구천문대(ESO)의 초거대 망원경이 있는 파라날 관측소에서 찍었다. 달이 막 떠오르고, 황도광이 그 위에 빛난다.

한강이라고 부르는 것과 같은 이치다. 강과 한강은 엄연히 다른 말이다. 은하와 은하수를 자주 뒤섞어 쓰는데, 둘은 엄연히 다른 뜻이므로 엄격히 분리해 정확하게 써야 한다.

밤하늘에 동서로 길게 누워 가는 이 빛의 강, 은하수를 서양에서는 밀키웨이milky way라 일컫는다. 그리스 신화에 의하면 은하수는 제우스의 부인 헤라 여신의 젖이 뿜어져 나와 만들어진 것이라 한다.

우리나라에서는 예로부터 은하수를 미리내라고 불렀다. '미리'는 용을 일컫는 우리 고어 '미르'에서 나왔고, '내'는 강이란 뜻이므로, 한자로는 용천龍川, 곧 용의 강이다. 미리내란 우리 이름이 밀키웨이란 말보다 훨씬 멋지고 품위 있어 보인다.

태양계가 있는 우리은하를 그래서 미리내 은하라고도 한다. 흔히 '우리은하'로 부르는데, 우리나라처럼 붙여 쓰는 게 자연스럽다. 영어로는 밀키웨이 갤럭시라 하고, 또는 머리글자를 대문자로 써서 그냥 갤럭시The Galaxy라고도 한다.

최초의 은하는 어떻게 만들어졌나?

먼저 은하의 정확한 의미부터 따져본다면 은하란 항성, 항성계, 성단, 성운, 성간 물질, 암흑물질 등이 중력에 의해 묶여져서 이루는 거대한 천체들의 무리를 일컫는다. 은하들은 작은 것은 1천만(10^7)개 이하의 별들로 이루어진 것도 있지만, 큰 것은 100조(10^{14}) 개의 별을 가지고 있는데, 이 별들은 모두 은하의 질량중심 주위를 공전한다. 태양도 지구를 비롯한 태양계 천체들을 거느리고 은하 중심핵 주위를 공전하고 있다.

빅뱅 이론에 따르면, 빅뱅의 우주공간을 수소와 헬륨으로 만들어진 구름이 가득 채우기 시작한 것은 빅뱅 후 30만 년이 지난 뒤부터다. 이때는 거의 모든 수소들이 이온화되지 않은 중성 상태에 있었고 별들이 아직 만들어지지 않았기 때문에, 이 시기를 우주의 '암흑 시대Dark Ages'라 부른다.

이러한 원시 우주 공간을 가득 채운 엄청난 물질과 에너지는 공간이 팽창함에 따라 점점 식어갔고, 처음에는 골고루 퍼져 있던 가스 구름이 중력으로 점차 뭉쳐지고 회전함에 따라 주위의 물질들을 중력으로 끌어들여 점점 큰 회전 원반체로 키워갔다. 회전하는 가스 원반체의 곳곳에서 수소공들이 뭉쳐져 별들이 탄생하기 시작했다.

그런데 원시 우주에서 태어난 최초의 별들은 지금의 별보다 훨씬 커서, 태양의 수백 배에서 수천 배가 되었다. 이런 거성을 태양의 자리에다 끌어다 놓는다면, 태양계의 모든 행성들이 그 안에 들어갈 정도로 어마어마한 크기다. 이런 별들은 덩치가 워낙 커서 핵반응도 격렬하게 일어난다. 그래서 겨우 수백만 년에서 수천만 년 만에 초신성 폭발로 삶을 끝내게 되고, 그 결과물로 빛까지도 탈출하지 못한다는 블랙홀을 만들어냈다.

이 블랙홀의 질량은 태양의 수백 배에서 수천 배나 되기 때문에, 이것이 은하의 씨앗이 되어 주위의 천체와 가스들을 계속 끌어 모은다. 물질들이 충분히 모이면 블랙홀을 중심으로 물질들이 휘감겨들면서 별들이 떼 지어 탄생하고, 최초의 은하는 나선팔로 우주 공간을 휩쓸고 다닌다. 이런 과정을 거쳐 탄생한 초기 은하들은 우주 곳곳에서 충돌과 합병을 거듭하면서 현재 우리가 알고 있는 은하로 진화해왔다.

우리은하의 탄생

우리은하의 지름은 10만 광년, 가장자리는 5천 광년, 중심 부분은 2만 광년이다. 은하가 납작한 이유는 은하 자체의 회전운동 때문이다.

10만 광년이라면 대체 얼마만 한 거리일까? 시속 300km의 고속 열차를 타고 달리면 10만 광년을 가는 데 1천억 년이 걸리고, 총알 속도의 20배인 초속 20km의 로켓으로 달리더라도 10억 년이 걸리는 거리다.

그럼 우리은하는 언제 태어났을까? 우리은하의 나이를 정확히 알아내기는 어렵지만, 대략 어림해볼 방법은 있다. 그것은 바로 우리은하의 별 중 가장 늙은 별의 나이를 통해 알아보는 방법이다. 현재까지 밝혀진 우리은하에서 가장 오래된 별의 나이는 약 132억 년이고, 구상성단球狀星團(globular cluster)*에서 약 136억 년 나이의 별이 발견되고 있다. 이 구상성단이 우리은하와 거의 동시에 탄생했을 것으로 본다면, 우리은하의 나이는 현재 우주의 나이인 138억 년에 얼추 다가갈 것으로 보인다. 그러니 우리은하는 제1세대 은하인 셈이다.

은하수는 중심부가 있는 궁수자리 방향이 가장 밝게 보인다. 이 중심부에 태양 질량의 약 400만 배인 지름 24km 크기의 블랙홀이 있다는 것이 밝혀졌다. 이 블랙홀 근처에 작은 블랙홀이 하나 더 있어 쌍성처럼 서로를 공전하고 있다는 것도 확인되었다.

어째 이런 일이? 이것은 바로 과거에 우리은하가 다른 작은 은하를 잡아먹었다는 증거다. 은하들의 카니발리즘은 우주에서 흔한 일이다. 우리은하는 약 10억 년 전, 젊은 다른 은하와 충돌해 합쳐져서 현재의 크기가 되었다. 우리은하도 다른 은하와 마찬가지로 이렇게 여러 차례의 충돌과 합병을 거쳐 형성된 것이다.

우리은하에 있는 4천억 개 별 중의 하나인 태양은 은하의 중심으로부터 은하 반지름의 3분의 2쯤 되는 거리, 곧 2만 8천 광년 거리에 있으며, 나선팔 중의 하나인 오리온팔의 안쪽 가장자리에 있다. 은하를 도시로 친다면, 태양계는 변두리에 있는 시골마을 정도 되는 셈이다.

우리 태양계는 물론이고 우리은하 전체가 중심핵을 둘러싸고

* 수만~수백만 개의 별이 공 모양으로 빽빽하게 모여 있는 성단. 주로 100억 년 이상의 늙은 별들로 이루어져 있다.

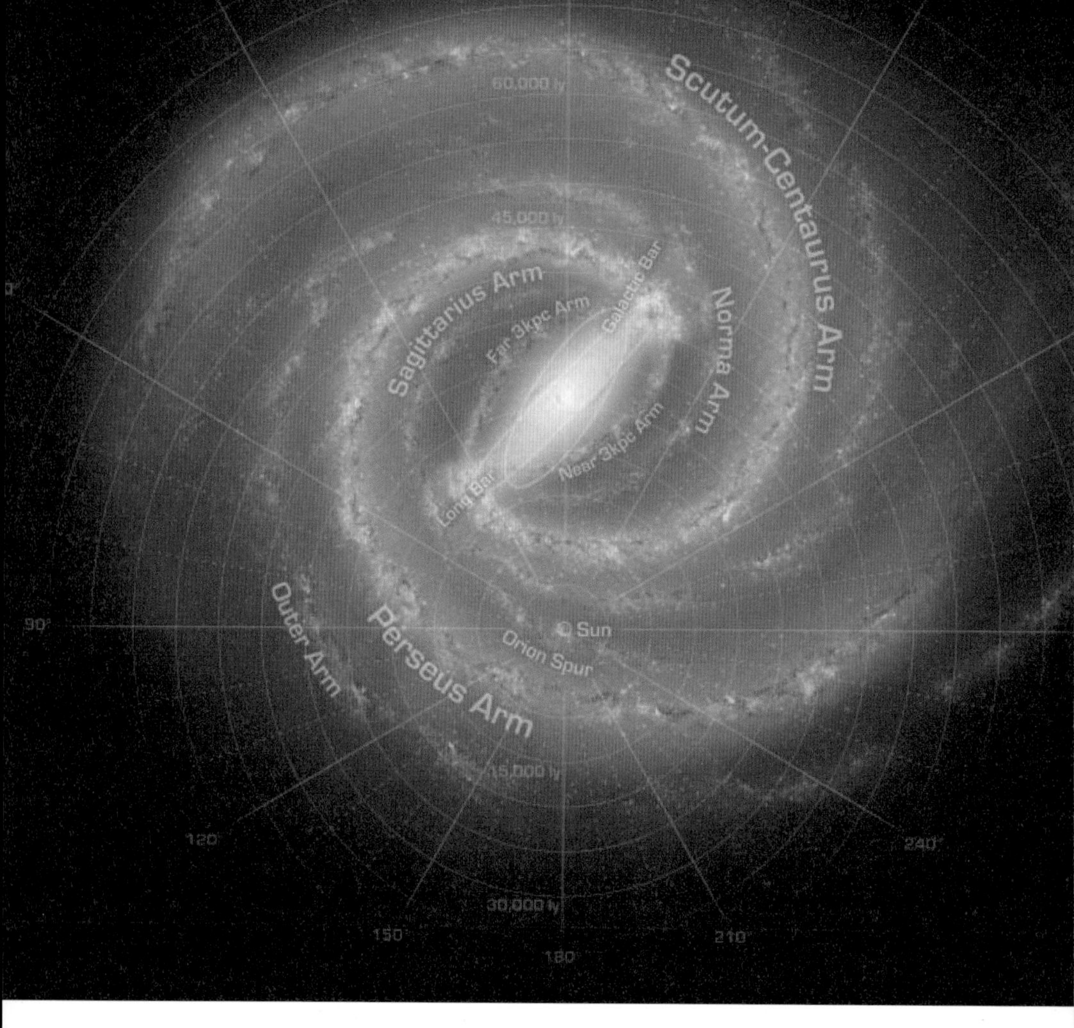

ⒸR. Hurt (SSC), JPL-Caltech, NASA

위에서 본 우리은하 상상도. 막대나선은하로 지름이 10만 광년이다.

회전하고 있다. 태양이 은하 중심을 도는 속도는 초속 220km나 되지만, 그래도 은하를 한 바퀴 도는 데는 2억 5천만 년이나 걸린다. 태양이 태어난 지 대략 50억 년이 됐으니까, 지금까지 미리내 은하를 20바퀴 돈 셈이다. 앞으로 20바퀴 더 돌면 태양도 삶을 마감하게 된다. 아직 50억 년이 남은 셈이다.

은하수가 하늘을 가로지르는 이유

옛날 사람들은 은하수가 사실은 엄청나게 많은 별들이 만든 띠라는 것을 몰랐다. 그래서 동양에서는 견우와 직녀가 은하수 위 오작교를 건너서 만나는 설화 같은 게 만들어지고, 서양에서는 헤라 여신이 제우스가 밖에서 만들어온 자식 헤라클라스에게 젖을 물리다가 너무 아프게 빨아대는 바람에 아기를 떼어놓다 뿌려진 젖이 은하수가 되었다는 신화가 만들어진 모양이다.

인류 중에서 은하수가 다름 아닌 별들의 모임이라는 사실을 최초로 알아낸 사람은 갈릴레오 갈릴레이(1564~1642)다. 그는 1610년 봄, 역사상 최초로 은하수에다 망원경을 들이대고는 그것이 엄청난 별들의 집합체라는 사실을 인류에게 보고했다.

우리은하를 옆에서 보면 프라이팬 위에 놓인 계란 프라이와 비슷한 꼴이다. 가운데 노른자처럼 볼록하게 솟은 부분을 팽대부bulge라 한다. 거기에 늙고 오래된 별들이 공 모양으로 촘촘히 모여 있는

ⓒESO/Y. Beletsky

칠레의 하늘을 가로지르는 은하수. 파라날 천문대에서 우리은하 중심을 가리키는 레이저를 쏘고 있다. 사진 중앙에 있는 두 개의 밝은 점은 목성과 전갈자리의 안타레스다.

중심핵이 있고, 그 주위를 젊고 푸른 별, 가스, 먼지 등으로 이루어진 나선팔이 원반 형태로 회전하고 있다.

그런데 은하수가 밤하늘을 가로지르는 이유를 모르는 사람들이 의외로 많은 것 같다. 왜 저렇게 밝은 띠 같은 것이 하늘을 가로지르고 있는 걸까? 이것 역시 인류가 풀지 못한 오랜 수수께끼 중 하나였다.

은하수가 하늘을 가로질러 보이는 것은 우리 지구가 은하 원반면에 딱 붙어 있는 데다, 은하수를 보는 우리의 시선 방향이 우리은하를 가로지르기 때문이다. 은하 중심에서 2만 8천 광년쯤 떨어진 변두리에 있는 태양계는 은하 중심을 보며 공전하므로 지구에서 볼 때 은하 원반의 별들이 겹쳐져 보여 그처럼 밝은 띠로 보이는 것이다. 그에 비해 은하 원반 면의 아래 위쪽을 보면 별들이 듬성듬성하게 보인다.

천구天球* 위에서 은하면은 북쪽으로 카시오페이아자리까지, 남쪽으로 남십자자리까지에 이른다. 은하수가 밤하늘을 거의 같은 크기의 두 반구로 나눈다는 사실은 우리 태양계가 은하면에 가까이 있다는 것을 나타내는 것이다.

은하에도 종류가 있다

은하라고 해서 다 같은 모양을 하고 있는 것은 아니다. 은하들도 성장하고 진화하는 단계에 따라 여러 모양을 띠는데, 은하의 종류를 처음으로 분류한 사람은 팽창 우주를 발견한 에드윈 허블이다. 지금도 그가 분류한 방법을 그대로 쓰고 있다. 허블은 수많은 은하를 기본적인 형태에 따라 나선은하, 타원은하, 불규칙 은하 등 세

* 둥글게 보이는 밤하늘을 천구(celestial sphere)라 한다. 관측자가 중심에 있는 가상의 큰 구이다.

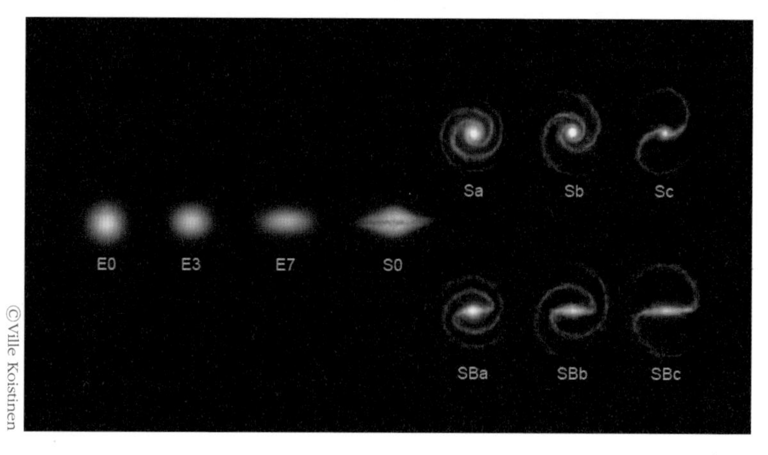

은하의 종류. 허블이 분류한 것으로 E는 타원 은하를, S는 나선 은하를, SB는 막대나선 은하를 가리킨다.

가지 종류로 분류했다.

나선은하는 소용돌이치는 몇 개의 나선팔이 보이는 원반 은하인데, 지구를 향하고 있는 방향에 따라 다르게 보인다. 정면으로 향해 있으면 나선팔들이 다 보이는 원반형으로 보이고, 옆면으로 향해 있으면 납작한 피자처럼 보인다. 하늘에서 밝은 은하 중 약 70%는 나선은하다.

우리 미리내 은하는 나선은하이긴 한데 가운데 긴 막대 같은 구조물을 갖고 있는 막대 나선은하다. 2005년 스피처 적외선 망원경으로 조사한 결과, 중심핵으로부터 지름 2만 7천 광년 길이의 막대 구조가 있다는 것이 확인되었다.

타원은하는 원반이나 나선팔이 없이 구형이나 타원체 모양으로 이루어진 은하다. 타원은하는 은하 중 가장 늙은 것으로, 아주 작은 것에서부터 거대한 것까지 크기가 다양하다. 나선은하나 불규칙 은하가 충돌하면 이런 타원은하가 만들어진다고 한다.

우주에는 이외에도 모양이 뚜렷하지 않은 불규칙한 형태의 은하들도 많다. 대표적인 것이 남반구의 밤하늘에 구름처럼 퍼져 있는 대마젤란 은하와 소마젤란 은하다. 스페인 탐험가인 페르디난드 마젤란이 1519년부터 1522년까지 세계 일주 항해를 하던 중에 발견한 것이라 그런 이름이 붙여졌다.

1995년에는 은하 관측의 역사에 길이 남을 관측이 이루어졌다. 지구 궤도를 도는 허블 우주 망원경을 이용해 우주의 가장 깊은 곳을 들여다보았다. 망원경이 향한 곳은 북두칠성이 있는 큰곰자리로, 평소에는 아무것도 보이지 않는 하늘의 영역을 골라 10일 동안 망원경을 고정시켰다. 아주 약한 빛을 모으기 위해서다. 그 결과 놀라운 사진이 찍혔는데, 3천 개가 넘는 은하들이 나타난 것이다. 대부분 나이가 100억 년이 넘는 작은 은하들이었다. 이것을 '허블 딥 필드Hubble Deep Field'라 하는데, 이는 역사상 가장 깊은 우주의 이미지라고 할 수 있다.

허블 우주 망원경으로 보면 우주의 어느 곳이든 동전만한 구역 안에서 무려 10만 개의 은하가 들어 있다고 한다. 그러한 은하 중에서 가장 나이가 많은 은하는 빅뱅 이후 10억 년도 안 되어 태어난 것이라 하니, 거의 130억 세는 된 셈이다. 허블 딥 필드는 빅뱅이 언제 시작되었는지 알게 해주었다.

은하들의 층층 구조로 이루어진 우주

우주에 존재하는 별들은 병사들처럼 모두 소속 부대가 있다. 별들은 우주공간에 아무렇게나 흩어져 있는 것이 아니라, 죄다 어떤 은하에 소속되어 있다는 뜻이다. 태양이 우리은하에 속해 있듯이 말이다. 별들이 모여 사는 도시인 은하 속에서는 쉼 없이 새로운 별들이 태어나고, 늙은 별들은 죽는다.

하지만 은하에는 별들만 있는 건 아니다. 성간 물질도 있고 암흑물질*, 블랙홀도 있다. 우주의 물질을 성분에 따라 나눠보면 90%가 수소이고 8%가 헬륨, 그리고 나머지 2%는 중원소이다. 비록 전체 속에서 비중이 얼마 안 되지만, 이 2%의 중원소가 지구를 만들고 생명을 탄생시킨 것이다.

별들이 모여서 은하를 만들듯이 은하들도 서로 떼 지어 모여 다니는 습관을 갖고 있다. 우리은하도 떼 지어 있는 은하 부락의 한 구성원인데 그 안에는 안드로메다 은하, 마젤란은하, M33 은하 등 40여 개의 크고 작은 은하들이 포함되어 있다. 부락의 이름은 국부 은하군이고, 크기는 지름 500만 광년이나 된다.

국부 은하군은 주위의 여러 은하군들과 함께 처녀자리 은하단에 속해 있다. 지구로부터 처녀자리 방향으로 약 5천만 광년 떨어져

* 질량이 현재 우주 에너지의 27% 정도(물질의 85% 정도)를 차지하고 있으나 빛을 내지 않아 보이지 않으며, 정체가 아직 알려지지 않은 물질이다.

허블 딥 필드. 1995년 허블 우주망원경으로 100억 광년 거리의 우주 풍경을 담아냈다. 이는 곧 100억 년 이전의 우주 풍경이다.

있는 이 은하단은 대략 1300개의 은하로 구성되어 있는데, 그 위의 구조인 처녀자리 초은하단의 중심부를 구성하는 가장 거대한 은하단이다.

초은하단이란 은하군과 은하단들을 아우르는 거대 천체 집단으로서, 은하들이 구슬처럼 매달려 '필라멘트'를 이룬 우주에서 가장 큰 구조물이다. 적어도 100개의 은하군과 은하단이 처녀자리 초은하단의 지름 1억 1천만 광년 내에 자리 잡고 있다. 이것은 관측 가능한 우주에 있는 수백만 개의 초은하단들 중 하나다.

처녀자리 초은하단 위에 구조물이 또 하나 더 얹혀 있는데, 이는 라니아케아 초은하단Laniakea Supercluster이라 불리는 것으로 5억 광년 공간 안에 10만 개의 은하들을 아우르고 있다.

라니아케아란 말은 하와이 말로 '무한한 하늘'이란 뜻으로, 우리은하를 포함한 거대 초은하단에 과학자들이 붙인 이름이다. 우리은하를 포함해 10만 개의 은하를 거느리고 있는데, 이는 무려 태양 질량의 10경 배에 이르는 어마무시한 것이다. 라니아케아 안에는 '그레이트 어트랙터Great Attractor'라고 불리는 거대한 중력 골짜기 지대를 향해 은하들이 흐르고 있다.

이처럼 은하들은 우주공간에서 띠를 만들면서 층층 구조를 이루고 있다. 그리고 은하단들 사이에는 수억 광년 크기의 거시공동巨視空洞(super void)이라고 불리는 거대한 '텅 빈 공간'이 존재한다.

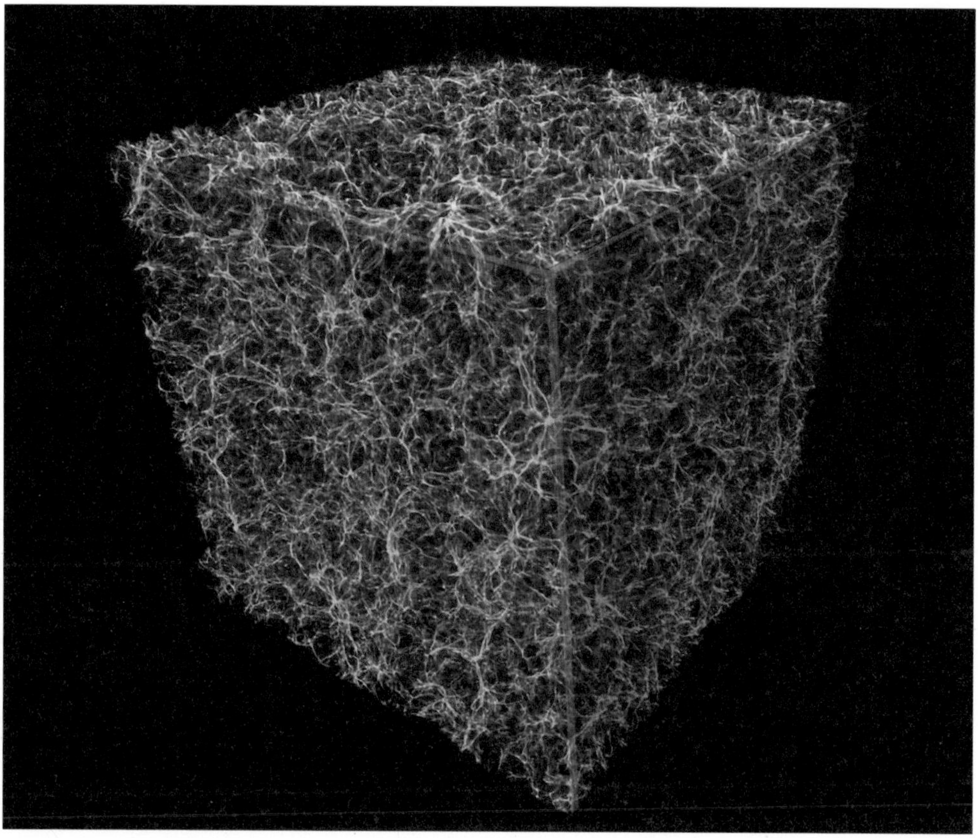

우주 거대구조의 거품. 은하단 사이에는 아무것도 존재하지 않는 거대한 보이드가 자리 잡고 있다.

우리은하와 안드로메다 은하가 충돌한다!

45억 년 후 밀코메다가 탄생한다

'밀코메다Milkomeda'란 이름을 들어본 적이 있는가? 만약 45억 년 후에도 지구에 인류가 생존해 있다면 우리은하 이름도 바뀌어 있을 것이다. 밀키웨이가 아니라 밀코메다라 불리게 되는데, 밀키웨이와 안드로메다의 합성어다. 약 45억 년 뒤 우리은하가 이웃의 안드로메다 은하와 충돌할 것이라는 게 천문학계의 공통된 예측이기 때문이다.

이 같은 결과는 한국 출신의 천문학자인 손상모 박사가 참여한 미국의 한 연구진에 의해 발표되었다. 연구진은 허블 우주망원경을 통해 관측한 결과, 약 37억 5천만 년 뒤 우리은하와 안드로메다 은하가 충돌할 것이라는 예측을 내놓았다. 인류가 생존할지조차 알 수 없는 먼 미래에 발생할 사건이지만 연구진이 허블 망원경의 놀라운 성능으로 안드로메다의 고유운동까지 관찰한 결과, 밀코메다가 출현하더라도 우리가 살고 있을 지구와 태양은 파괴되지 않고 무사할 것이라고 한다.

두 은하의 충돌을 보여주는 새로운 시뮬레이션은 두 초질량 블랙홀이 합쳐지는 것을 포함해 충돌 후 나타날 복잡한 과정을 잘 보여주고 있다. 이 시뮬레이션은 서부 호주에 있는 국제 라디오파 천문연구 센터가 제작한 것이다. 이 시뮬레이션을 보면 두 은하가 서로 접근할 때 어떤 상호작용을 하는지 잘

ⒸNASA

지구 밤하늘에서 보는 우리은하와 안드로메다 은하의 충돌 시뮬레이션. 왼쪽에서 접근하는 것이 안드로메다 은하. 우리은하보다 크다는 걸 한눈으로 알 수 있다.

보여주고 있다.

첫째, 최초의 만남에서 두 은하는 빠르게 서로를 덮칠 것이다. 그리고 각자의 소용돌이팔에 있는 일부 별들의 궤도는 어지럽혀질 것이다. 그 다음 두 은하는 분리되었다가 다시 서로를 향해 맹렬히 돌진할 것이다.

안드로메다 은하는 우리은하보다 크다. 우리은하가 4천억 개의 별을 갖고 있는 데 비해 안드로메다는 무려 1조 개의 별을 갖고 있다. 따라서 엄밀히 말하면 안드로메다가 우리은하를 잡아먹는 셈이다. 우리은하 역시 언젠가 가까운 왜소은하 2개를 잡아먹을 것으로 보이는데, 그 두 은하는 바로 대·소 마젤란 은하다.

두 은하가 최초로 충돌할 때 받는 충격은 그다지 크지 않지만, 상호작용하는 중력이 소용돌이팔 안에서 가스와 별들을 바깥으로 날려버린다. 강력한 충격은 두 번째 충돌과 그 후 이어지는 일련의 충돌에 의해 발생한다. 거대한 가스 구름이 충격을 받아 폭발적으로 별들의 생성을 촉발하고, 이것이 초신성 폭풍을 일으킬 것으로 보인다고 예측되고 있다.

마지막으로, 은하에서 퇴출된 가스는 회전하는 원반으로 급속히 흡입된다. 우리는 새로 태어난 별들을 볼 뿐이지만, 우리은하와 안드로메다 은하의 팽대부와 별들의 원반은 합체되어 럭비공처럼 생긴 거대한 타원은하를 만듦으로써 두 은하의 충돌 시나리오는 막을 내린다.

두 은하의 중심에 있는 초질량 블랙홀들은 하나로 합쳐질 것이지만 두 은하의 별들끼리 충돌할 가능성은 아주 낮다. 별들 사이의 거리가 너무나 멀기 때문에 두 은하는 별들의 충돌 없이 서로 관통할 것으로 예상된다. 따라서 은하 합병으로 인해 우리 태양계가 혼란에 빠질 확률은 아주 낮다. 그러나 그때쯤이면 지구는 달아오르는 태양에 의해 숯덩이가 되어, 두 은하가 하늘에서 몸을 섞는 장관을 볼 수 있는 생명체는 지구상에 존재하지 않을 것이다.

이 시뮬레이션은 이런 충돌 과정에서 지구가 거대 은하 바깥으로 튕겨나가기 전에 밀코메다의 중심부로 끌려들어갈 것을 예측하고 있다. 궁극적으로는 우주의 모든 은하들이 중력으로 뭉쳐져 이 같은 몇 개의 초질량 거대 은하들을 만들 것으로 보인다. 비록 수십억, 수백억 년 후의 일이기는 하지만. 여러분들도 그때까지 건강관리 잘하셔서 지구 밤하늘에서 두 은하가 충돌하는 장관을 감상해볼 것을 강력 추천한다.

4강

우주는 얼마나 클까?

"우주는 공간으로써 나를 포용하고,
하나의 점인 양 나를 삼켜버린다.
그러나 나는 사고로써 우주를 포용할 수 있다."

- 파스칼, 『팡세』

1923년 윌슨산 천문대의 에드윈 허블이 표준 촛불을 이용해, 그때까지 우리은하 내부에 있는 것으로 알려졌던 안드로메다 성운이 외부 은하였음을 최초로 밝혀냈다. 이로써 우리은하는 우주의 중심에서 끌어내려지고, 우리은하가 우주의 전부인 줄 알고 있었던 인류는 은하 뒤에 또 무수한 은하들이 줄지어 있는 대우주에 직면하게 되었다. 밤하늘에서 빛나는 모든 것들이 우리은하 안에 속해 있다고 굳게 믿었던 인류에게 이 발견은 청천벽력 같은 새로운 계시였다. 갑자기 우리 태양계는 자디잔 티끌로 축소되어버렸고, 지구상에 살아 있는 모든 것들에게 빛을 주는 태양은 우주라는 드넓은 바닷가의 한 모래 알갱이가 되어버렸다.

지구 30개를 늘어놓으면 달에 닿는다

우주에 대해 가장 놀라운 점 하나를 든다면, 무엇보다 측량할 길 없는 그 광대함이라 할 것이다. 우주는 대체 얼마나 클까? 138억 년 전 빅뱅에서 출발해 지금도 팽창을 계속하고 있는 우주는 현재 약 930억 광년 크기라는 NASA의 계산서가 나와 있다. 우주 초창기에는 인플레이션이라 해서 우주가 빛보다 빨리 팽창했기 때문이다.

그렇다면 이 930억 광년에 이르는 우주의 크기나 거리를 실감하려면 어떻게 해야 할까? '우주 체험 교실'의 출발점은 딱 하나다. '인간이 만물의 척도'인 만큼 바로 나의 크기에서부터 짚어나가야 한다는 것이다. 이때 편의상 대략 사람의 키를 1m로 친다. 키 작은 아이들도 생각해주자.

지구의 지름은 약 13,000km이니까, 사람 띠로 이 지름을 만들려면 1,300만 명이 필요하다. 우리나라 인구의 약 4분의 1이 손잡고 늘어선다면 지구 지름만큼 된다는 얘기다. 지구 둘레는 4만 km니까, 70억 세계인이 손을 잡는다면 지구를 200바퀴쯤 둘러쌀 수가 있다. 얼마나 많은 인구가 이 조그만 행성 위에서 복닥거리며 사는지를 실감할 수 있다.

다음, 지구와 달 사이의 거리는 약 38만 km다. 지구를 징검다리처럼 우주공간에 약 30개쯤 늘어놓으면 얼추 달까지 닿는다. 생각해보면 달이 그리 멀지 않은 곳에 있다는 느낌이다. 빛이 이 거리를 달린다면 1초 정도 밖에 안 걸린다. 하지만 시속 100km로 달리는 차를 타고 밤낮없이 달리더라도 달까지 도착하는 데는 약 158일이 걸린다. 우리의 척도로는 달도 정말 멀리 있는 셈이다.

다음은 훌쩍 건너뛰어 태양까지의 거리를 짚어보자. 지구에서 태양까지의 거리는 약 1억 5천만 km다. 이걸 1천문단위AU라 하여 태양계를 재는 잣대로 쓰인다. 이게 대체 얼마만 한 거리일까? 천문학은 감수성과 상상력을 필요로 한다.

가장 간단한 답으로는, 1초에 지구 7바퀴 반을 도는 초속 30만 km인 빛이 8분 20초 걸려 주파하는 거리다. 초로는 약 500초인데, 달까지의 거리의 약 400배에 달하며, 시속 100km의 차로 달리면 무려 170년이 걸린다.

우리가 해바라기처럼 올려다보는 태양이 실제로는 얼마나 멀리 떨어져 있는 별인지를 실감할 수 있다. 그런데도 그 먼 거리에서 내뿜는 별빛이 이리도 뜨겁다니 참 믿기지 않는 일이지만, 이것이 태양 표면 온도 6천도의 위력이다. 태양이 만약 10%만 지구 가까이에 위치했다면 지구상에는 어떤 생명체도 살지 못했을 것이다. 우리는 부디 태양이 그 자리를 지켜주기만을 기도해야 한다.

달보다 약 400배 멀리 떨어져 있는 태양은 지름의 크기도 달의 약 400배쯤이기 때문에, 지구에서 볼 때 이 둘이 일직선상에 놓이면 딱 포개져서 개기일식이 된다. 이건 정말 우주적인 우연의 일치라 하겠다. 덕분에 우리는 지구 행성에서 개기일식의 장관을 즐길 수 있게 된 것이다. 참고로, 태양의 지름은 지구 지름의 약 109배나 되는 140만 km다.

60억 km만 나가도 지구는 한 점 티끌

이번에는 태양의 반대쪽으로 달려가보자. 그쪽으로는 우리보다 먼저 달려간 보이저 1호가 있으니, 그 뒤를 졸졸 따라가면 된다.

인류가 우주로 띄워 보낸 '병 속 편지' 보이저 1호는 외계인에게 보내는 지구인의 메시지를 싣고 2020년 11월 현재 지구로부터 약 222억 km 떨어진 우주 공간을 날고 있는 중이다. 지구-태양 간 거리의 150배이고, 빛으로도 20시간이 더 걸리는 아득한 성간 공간이다. 미국의 무인 우주 탐사선 보이저 1호가 지구를 떠난 것이 지난 1977년 9월 5일이니까, 현재 초속 17km로 꼬박 만 43년을 날아가고 있는 셈이다.

목성과 토성 탐사, 그리고 성간 임무를 띤 보이저 1호는 출발한 지 12년 7개월 만인 1990년 2월에 명왕성 궤도에 다다랐다. 지구로부터 약 60억 km, 40AU 되는 거리다.

이쯤에서 2월 14일 보이저 1호에게 목록에 없던 미션 하나가 지구로부터 날아들었다. 카메라를 지구 쪽으로 돌려 태양계 가족사진을 찍으라는 거였다. 이때 찍은 태양계 가족사진 중 지구 부분이, 모든 천체사진 중 가장 철학적인 사진으로 불리는 유명한 '창백한 푸른 점The Pale Blue Dot'이다.

지구로부터 60억 km 떨어진 곳에서 찍은 이 사진을 보면, 지구는 망망대해 같은 우주공간에 떠 있는 흐릿한 점 하나에 지나지 않는다. 황도대의 희미한 빛줄기 위에 떠 있는 한 점 티끌이 바로 지구

©NASA/JPL-Caltech

©NASA, Eduardo Castaneda

그 유명한 '창백한 푸른 점'과 칼 세이건. 60억 km 떨어진 명왕성 궤도에서 보이저 1호가 찍었다. 저 한 점 티끌이 인류가 우주 속에서 얼마나 외로운 존재인가를 말해준다.

©NASA

40년을 넘게 날아 2012년 인간의 피조물로는 최초로 성간 공간으로 진출한 보이저 1호. 몸체에 골든 디스크가 붙어 있다. 4만 년 더 날아가면 기린자리의 한 이름 없는 별 옆을 지나게 된다.

다. 아침 햇살 속에 떠도는 창 앞의 먼지 한 점과 다를 게 없어 보인다. 이 티끌의 표면적 위에 아웅다웅하는 70억 인류와 수백만 종의 생물들이 살아가고 있는 것이다. 이 정도의 거리만 나가도 지구는 거의 존재를 찾아보기 힘들게 된다. 태양계도 이토록 드넓은 동네임을 알 수 있다.

보이저 1호가 태양계를 벗어나 성간 간으로 진입한 것은 2012년 8월로, 탐사선을 스치는 태양풍 입자들의 움직임으로 확인되었다.

©NASA

골든 디스크 앞면과 뒷면. 외계인에게 보내는 지구의 소식과 인사를 담았다.

보이저 1호는 어느 천체의 중력권에 붙잡힐 때까지 관성에 의해 계속 어둡고 차가운 우주로 나아갈 운명이다. 전기를 생산하는 플로토늄 238이 바닥나는 2025년께까지 보이저 1호는 아무도 가보지 못한 태양계 바깥의 모습을 지구로 전해줄 것이다.

태양계를 벗어난 보이저 1호가 먼저 만나게 될 천체는 혜성들의 고향 오르트 구름이다. 하지만 300년 후의 일이다. 이 오르트 구름 지역을 빠져나가는 데만도 약 3만 년이 걸린다.

그 다음부터 4만 년 동안에는 진로상에 어떤 별도 없이 외로이 날아가야 한다. 보이저 1호가 약 7만 년을 날아간 후에는 18광년 떨어진 기린자리의 글리제 445 별을 1.6광년 거리에서 지날 것이며, 그 다음부터는 적어도 10억 년 이상 아무런 방해도 받지 않고 우리 은하의 중심을 돌 것이다.

가장 가까운 별까지 가려면 6만 년 걸린다

은하까지 가기 이전에 태양에서 가장 가까운 별인 4.2광년 거리의 센타우리 프록시마란 별부터 일단 방문해보도록 하자. 가장 가까운 이 이웃별까지 빛이 마실 나갔다가 온다면 8년이 넘게 걸린다. 그처럼 빠른 빛도 우주 크기에 비한다면 달팽이 걸음에 지나지 않는 셈이다.

그렇다면 인간이 가장 빠른 로켓을 타고 간다면 얼마나 걸릴까? 인류가 끌어낼 수 있는 최대 속도는 초속 23km다. 이는 2015년 명왕성을 근접비행한 NASA 탐사선 뉴호라이즌스가 목성의 중력도움*을 받아 만들어낸 속도로, 지구 탈출속도의 2배가 넘는다. 대략 총알보다 23배 빠르다고 생각하면 된다.

뉴호라이즌스에 올라타 프록시마 별까지 신나게 달려보자. 얼마나 달려야 할까? 1광년이 약 10조 km니까 4.2광년은 약 42조 km다. 이 거리를 뉴호라이즌스가 밤낮없이 달린다면 무려 6만 년을 달려야 한다. 왕복이면 12만 년이다.

가장 가까운 별까지 가는 데도 이렇게 걸린다는 얘기다. 이것이 바로 인류가 외계행성으로 진출할 수 없는 가장 큰 이유다. 우리 인류는 이처럼 엄청난 공간이란 장벽에 둘러싸여 우주 속에 격리되어

* 영어로는 스윙바이(swing-by), 또는 플라이바이(fly-by)라고도 하는데, '행성궤도 근접통과'로 행성의 중력을 이용해 우주선의 속도를 가감하는 항법이다.

있는 것이다.

그럼 내친김에 뉴호라이즌스를 타고 우리은하 끝에서 끝까지 한번 가보자. 얼마나 걸릴까? 우리은하는 지름이 약 10만 광년이다. 프록시마까지 간 자료가 있으니까 비례계산을 하면 금방 답이 나온다. 14억 년!

14억 년은 우주 역사의 약 10분의 1에 해당하는 시간이다. 지구상에 나타난 지 몇 십만 년밖에 안 된 인류에게 14억 년이란 거의 영겁이라 할 만하다. 장엄하게 빛나던 태양은 점점 뜨거워질 것이며, 그때쯤이면 이미 지구는 석탄불 위의 감자처럼 바짝 구워져 염열지옥이 되어버렸을지도 모른다.

그런데 우주공간에 이런 방대한 은하가 약 2조 개가 있고, 은하 간 공간의 평균거리는 수백만 광년이나 되며, 우주의 크기는 약 930억 광년에 달한다. 이는 인간의 모든 상상력을 동원해도 실감하기 어려운 크기다. 빛의 속도로 지금도 팽창하고 있는 우주는 앞으로도 얼마나 더 커질지 아무도 모른다.

만약 은하계를 벗어나서 본다면, 이 광막한 우주의 전형적인 풍경은 이럴 것으로 나는 상상한다. 밑도 끝도 없는 망망대해처럼 캄캄한 공간 여기저기에 희미한 반딧불 같은 은하들이 띄엄띄엄 떠 있는 적막한 풍경!

지구 같은 밝은 곳은 우주에서 극히 이색적인 장소다. 우주공간에서 물체가 차지하는 공간의 비율은 1조분의 1이다. 암흑과 태허太虛가 우주의 지배적인 요소다. 이런 우주에서 만약 우리 옆에 사랑하는 이들이 없다면 이 우주는 얼마나 더 적막한 장소가 될 것인가? 이처럼 우주는 광대하다. 터무니없이 광대하다. 그래서 칼 세이건은 이런 푸념을 하기도 했다.

> "신이 만약 인간만을 위해 우주를 창조했다면 엄청난 공간을 낭비한 것이다."

천문학자들의 줄자 '우주 거리 사다리'

1백억 광년 밖의 은하를 관측했다느니, 1천만 광년 거리의 은하에서 초신성이 터졌다느니 하는 기사를 자주 보게 된다. 1광년이라면 1초에 30만 km, 지구를 7바퀴 반이나 돈다는 빛이 1년을 내달리는 거리다. 이것만 해도 우리의 상상력으로는 잘 가늠되지 않는 거리인데, 천문학자들은 십억 광년이니 1백억 광년이니 하는 그 엄청난 거리를 도대체 어떻게 재는 걸까?

물론 하루아침에 우주 측량술이 등장한 것은 아니다. 수많은 천재들의 땀과 열정으로 갖가지 다양한 기법들이 차례로 개발되면서 이 엄청난 우주의 크기를 가늠할 수 있는 우주 측량술이 정립되었다.

태양이나 달까지의 거리를 측정하려는 시도는 고대 그리스 시대부터 행해져왔지만, 하늘의 단위와 지상의 단위를 결부시키는 것

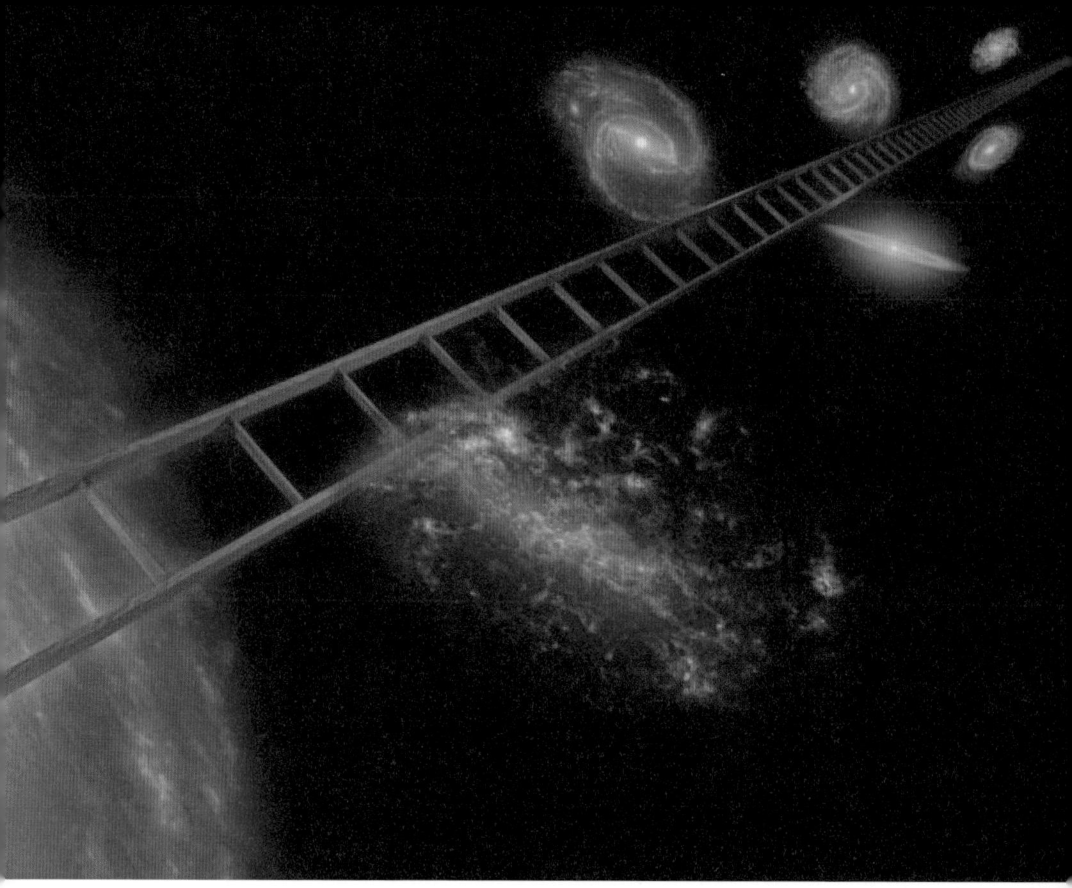

ⒸNASA

상징적으로 표현된 우주 거리 사다리.

은 쉬운 일이 아니었다. 천문학자들은 먼저 지구의 크기와 달과 태양까지의 거리를 구한 다음, 그것들을 기초로 삼아 가까운 별에서 더 먼 천체까지 차례로 거리를 측정하는 과정을 밟아왔다. 이런 식으로 단계별로 척도를 늘려나가는 측량 방식을 '우주 거리 사다리 cosmic distant ladder'라 한다.

측량은 우리 인류의 역사만큼이나 오래된 것이다. 사람은 늘 측량한다. 인류가 지상에 나타난 그 순간부터 측량은 시작되었다. 측량은 생존과 직결된 문제이기 때문이다. 그런데 이 측량에도 '천문'은 깊이 개입되어 있다. 달이 차고 기우는 것을 기준으로 삼은 한 달의 날 수가 바로 천문학적인 것이다. 또한 미국과 미얀마 등 몇 나라만 빼고 전 세계가 쓰고 있는 미터법은 바로 지구의 크기에서 나온 것이다.

프랑스 대혁명의 불길이 채 잦아들기도 전인 1790년, 혁명정부가 도량형 통일을 위해 '미래에도 영원히 바뀌지 않을 것'을 기준으로 1m를 정했는데 그게 바로 북극과 파리, 적도에 이르는 자오선 길이의 1000만분의 1을 1m로 한 것이다. 곧, 북극점에서 적도에 이르는 거리의 1만분의 1이 1km인 셈이다. 그러니까 지구 한 바퀴는 4만 km가 된다. 오늘날 우리는 이 미터법으로 원자의 크기를 재고 우주의 넓이를 잰다.

현재 우주의 크기는 약 930억 광년으로 나와 있고, 별들 사이의 평균 거리는 약 3~4광년이다. 이 거리는 빛이 하루를 달리면 주파하는 태양계 크기의 몇 천 배나 된다.

별 사이의 거리만 해도 이처럼 광대하다. 그보다 가깝다면 중력으로 우주는 대파국을 맞을 것이다. 그래서 칼 세이건은 "별들 사이의 아득한 거리에는 신의 배려가 깃들어 있는 것 같다"라는 말을 하기도 했다.

중학교 중퇴자가 최초로 별까지 거리를 쟀다

거리를 측량할 때 시차視差를 이용하는데, 한 물체를 거리가 떨어진 두 지점에서 바라볼 때 생기는 각도를 말한다. 눈앞에 연필을 놓고 오른쪽 눈과 왼쪽 눈으로 번갈아 보면 위치 변화가 나타나는데, 이것이 바로 시차다.

별까지 거리를 재는 데 쓰이는 연주시차年週視差가 0.01초면 326광년이고, 0.1초면 32.6광년, 1초면 3.26광년이 된다. 이와 같이 광년의 단위도 별까지 거리가 멀어지면 숫자가 매우 커지므로 연주시차가 1초(3600도분의 1)일 때를 1파섹pc으로 정했다. 시차parallax와 초second의 두 낱말의 머리를 따서 만든 말이다.

별의 절대등급은 10pc, 곧 32.6광년의 거리에 위치한다고 가정해 정한 별의 밝기이다. 별까지의 거리를 재려면 시차를 알아야 한다. 그러면 지구 궤도 반지름을 기선으로 삼아 별까지의 거리를 계산해낼 수 있다. 이 궤도 반지름을 기선으로 삼는 별의 시차를 연주시차라 한다. 다시 말하면, 어떤 천체를 태양과 지구에서 봤을 때 생기는 각도의 차이가 연주시차라는 말이다.

'연주年週'라는 호칭이 붙는 것은 공전에 의해 생기는 시차이기 때문이다. 실제로 연주시차를 구할 때, 관측자가 태양으로 가서 천체를 관측할 수 없기 때문에 지구가 공전궤도의 양끝에 도달했을 때 관측한 값을 2분의 1로 나누어 구한다. 이것만 알면 삼각법으로 바로 목표 천체까지의 거리를 계산할 수 있다.

1543년 코페르니쿠스가 지동설을 발표한 이래, 천문학자들의 꿈은 연주시차를 발견하는 것이었다. 지구가 공전하는 한 연주시차는 없을 수 없기 때문이다. 그것이 지구 공전에 대한 가장 확실하고도 직접적인 증거다.

그러나 그 후 3세기가 지나도록 수많은 사람들이 도전했지만 연주시차는 난공불락이었다. 불세출의 관측 천문가 허셜도 평생을 바쳐 추구했지만 끝내 이루지 못한 것이 연주시차의 발견이었다.

그도 그럴 것이 가장 가까운 별들의 평균 거리를 10광년으로 칠 때 약 100조 km가 되는데, 기선이 되는 지구 궤도의 반지름이라 해봐야 겨우 1.5억 km이다. 무려 1백만 대 1.5다. 어떻게 그 각도를 잴 수 있겠는가. 그야말로 극한의 정밀도를 요구하는 대상이다.

코페르니쿠스가 지동설을 발표한 지 거의 300년 만에야 이 연주시차를 발견한 천재가 나타났다. 놀랍게도 중학교를 중퇴하고 천문학을 독학한 프리드리히 베셀(1784~1846)이 바로 그 주인공이다. 이 천재는 삶의 내력도 재미있을 뿐 아니라, 인간적으로도 매력적인 사람이었다. 가방끈이 짧아 천문대 대장직에 갈 수 없게 되자 그의 친구인 수학자 가우스가 바로 수학 박사학위를 주어 취임할 수 있었다.

베셀의 최대 업적이 된 연주시차 측정은 그가 쾨니히스베르크 천문대 대장이던 1837년부터 시작되었다. 별들의 연주시차는 지극히 작으리라고 예상됐던 만큼 되도록 가까운 별로 보이는 것을 대상으로 선택해야 했다. 고유운동이 큰 별일수록 가까운 별임이 분

베셀이 근무했던 쾨니히스베르크 천문대의 1830년대 모습. 2차 세계대전 때 포격으로 파괴되었다.

명하므로 베셀은 가장 큰 고유운동을 보이는 백조자리 61을 목표로 삼았다.

베셀은 1837년 8월에 5.6등성 백조자리 61의 위치를 근접한 다른 두 별과 비교했으며, 6개월 뒤 지구가 그 별로부터 가장 먼 궤도상에 왔을 때 두 번째 측정을 했다. 그 결과 배후 두 별과의 관계에서 이 별의 위치 변화를 분명히 읽을 수 있었다. 데이터를 통해 나타난 백조자리 61의 연주시차는 약 0.314초였다! 이 각도는 빛의 거리로 환산하면 약 10.28광년에 해당한다. 실제의 10.9광년보다 약간 작게 잡혔지만, 당시로서는 탁월한 정확도였다. 이 별은 그 후 '베셀의 별'이라는 별명을 얻게 되었다.

지구 궤도 지름 3억 km를 1m로 치면, 백조자리 61은 무려 30km가 넘는 거리에 있다는 말이다. 그러니 그 연주시차를 어떻게 잡아내겠는가. 그 솜털 같은 시차를 낚아챈 베셀의 능력이 놀라울 따름이다. 이 10광년의 거리는 사람들을 경악케 했다. 그러나 그 거리 또한 알고 보면 솜털 길이에 지나지 않는다는 사실을 머지않아 인류는 알게 된다.

천왕성을 발견한 윌리엄 허셜의 아들이자 런던 왕립천문학회 회장인 존 허셜 경은 베셀의 업적을 이렇게 평했다. "이것이야말로 실제로 천문학이 성취할 수 있는 가장 위대하고 영광스러운 성공이다. 우리가 살고 있는 우주는 그토록 넓으며, 우리는 그 넓이를 잴 수 있는 수단을 발견한 것이다."

베셀의 연주시차 측정은 우주의 광막한 규모와 지구의 공전 사실을 확고히 증명한 천문학적 사건으로 큰 의미를 갖는다. 별들의 거리 측정은 천체와 우주를 물리적으로 탐구해나가는 데 필수적인 요소라는 점에서 베셀은 천문학의 새로운 길을 열었던 것이다.

천문학 역사상 가장 중요한 한 문장

그러나 연주시차로 천체까지의 거리를 구하는 것은 한계가 있다. 대부분의 별은 매우 멀리 있어 연주시차가 극히 작기 때문이다. 지구 대기의 산란 효과 등으로 인한 오차 때문에 미세한 연주시차는 계산할 수 없으므로, 100pc 이상 멀리 떨어진 별에 적용하기는 어렵다. 따라서 더 먼 별에는 다른 방법을 쓰지 않으면 안 된다.

헨리에타 리비트(1868~1921). 청각장애 천문학자로, 우주를 재는 잣대인 '표준 촛불'을 발견했다.

그렇다면 대체 어떤 방법을 쓸 수 있을까? 사실 시차만 하더라도 일종의 '상식'을 관측에 적용한 것이라 할 수 있다. 그러나 더 먼 우주의 거리를 재는 잣대는 이런 상식에서 나온 것이 아니라 우주 속에서 발견한 것이었다. 그리고 그 발견에는 당시 천문학계의 기층민이었던 '여성 컴퓨터'의 땀과 희생이 서려 있었다.

이 놀라운 우주의 잣대를 발견한 주역은 한 귀머거리 여성 천문학자였다. 그러나 청력과 그녀의 지능은 아무런 관련도 없었다. 1868년 미국 매사추세츠 주 랭커스터에서 태어난 헨리에타 리비트는 1892년 대학을 졸업한 후 하버드 대학교 천문대에서 일하게 되었다. 업무는 주로 천체를 찍은 사진건판을 비교분석하고 검토하는 일이었다. 시간당 0.3달러라는 저임으로, 이런 직종을 당시 '컴퓨터'라고 불렀다. 그러나 단조롭기 한량없는 그 작업이 그녀의 영혼을 구원해주었을지도 모른다.

페루의 하버드 천문대 부속 관측소에서 찍은 사진자료를 분석해 변광성을 찾는 작업을 하던 리비트는 소마젤란 은하에서 100개가 넘는 세페이드 형 변광성을 발견했다. 이 별들은 적색거성으로 발전하고 있는 늙은 별로서, 주기적으로 광도의 변화를 보이는 특성을 가지고 있다.

이 별들이 지구에서 볼 때 거의 같은 거리에 있다는 점에 주목한 그녀는 변광성들을 정리하던 중 놀라운 사실 하나를 발견했다. 한 쌍의 변광성에서 변광성의 주기와 겉보기 등급 사이에 상관관계가 있다는 점을 감지한 것이다. 즉 별이 밝을수록 주기가 느려진다는 점이다. 리비트는 이 사실을 공책에다 '변광성 중 밝은 별이 더 긴 주기를 가진다는 사실에 주목할 필요가 있다'고 짤막하게 기록해두었다. 이 한 문장은 후에 천문학 역사상 가장 중요한 문장으로 꼽히게 되었다.

리비트는 수백 개에 이르는 세페이드 변광성의 광도를 측정했고 여기서 독특한 주기-광도 관계를 발견했다. 3일 주기를 갖는 세페이드의 광도는 태양의 800배이다. 30일 주기를 갖는 세페이드의 광도는 태양의 1만 배이다.

1908년, 리비트는 세페이드 변광성의 '주기-광도 관계' 연구 결과를 〈하버드 대학교 천문대 천문학연감〉에 발표했다. 리비트는 지구에서부터 마젤란 성운 속의 세페이드 변광성들 각각까지의 거리가 모두 대략적으로 같다고 보고, 변광성의 고유 밝기는 그 겉보기 밝기와 마젤란 성운까지의 거리에서 유도될 수 있으며, 변광성들의 주기는 실제 빛의 방출과 명백한 관계가 있다는 결론을 이끌어 냈다.

리비트가 발견한 이러한 관계가 보편적으로 성립한다면, 같은 주기를 가진 다른 영역의 세페이드 변광성에 대해서도 적용이 가능하며 이로써 그 변광성의 절대등급을 알 수 있게 된다. 이는 곧 그 별까지의 거리를 알 수 있게 된다는 뜻이다. 이것은 우주의 크기를 잴 수 있는 잣대를 확보한 것으로, 한 과학 저술가가 말했듯이 천문학을 송두리째 바꿔버릴 대발견이었다.

리비트가 발견한 세페이드 형 변광성의 주기-광도 관계는 천문학사상 최초의 '표준 촛불'이 되었으며, 이로써 인류는 연주시차가 닿지 못하는 심우주 은하들까지의 거리를 알 수 있게 되었다. 또한 천문학자들은 표준 촛불이라는 우주의 잣대를 갖게 됨으로써 시차를 재던 각도기는 더 이상 필요치 않게 되었다.

리비트가 밝힌 표준 촛불은 그녀가 암으로 세상을 떠난 지 2년이 지난 후에 위력을 발휘했다. 1923년 윌슨산 천문대의 에드윈 허블이 표준 촛불을 이용해, 그때까지 우리은하 내부에 있는 것으로 알려졌던 안드로메다 성운이 외부 은하임을 밝혀낸 것이다. 이로써 우리은하는 우주의 중심에서 끌어내려지고, 우리은하가 우주의 전부인 줄 알고 있었던 인류는 은하 뒤에 또 무수한 은하들이 줄지어 있는 대우주에 직면하게 되었다.

밤하늘에서 빛나는 모든 것들이 우리은하 안에 속해 있다고 믿고 있던 인류에게 이 발견은 청천벽력과도 같은 것이었다. 갑자기 우리 태양계는 자디잔 티끌 같은 것으로 축소되어버렸고, 지구상에 살아 있는 모든 것들에게 빛을 주는 태양은 우주라는 드넓은 바닷가의 한 모래 알갱이에 지나지 않은 것이 되었다.

따지고 보면, 우주의 팽창이라든가 빅뱅 이론 같은 것도 리비트의 표준 촛불이 있었기에 가능한 것이었다. 변광성의 달인 리비트가 변광성의 밝기와 주기 사이의 관계를 알아냄으로써 빅뱅의 첫 단추를 꿰었다고 할 수 있다. 허블은 이러한 리비트에 대해 그의 저서에서 "헨리에타 리비트가 우주의 크기를 결정할 수 있는 열쇠를 만들어냈다면, 나는 그 열쇠를 자물쇠에 쑤셔 넣고 뒤이어 그 열쇠가 돌아가게끔 하는 관측사실을 제공했다"라며 그녀의 업적을 기렸다.

이처럼 허블 본인은 리비트의 업적을 인정하며 리비트는 노벨상을 받을 자격이 있다고 자주 말하곤 했다. 그러나 스웨덴 한림원이 노벨상을 주려고 그녀를 찾았을 때는 이미 병과 가난에 시달리다 세상을 떠난 지 3년이 지난 후였다. 하지만 불우한 여성 천문학자 리비트의 이름은 천문학사에서 찬연히 빛나고 있을 뿐만 아니라, 소행성 5383 리비트와 월면 크레이터 리비트로 저 우주 속에서도 빛나고 있다.

우주 팽창을 가르쳐준 '적색이동'

우주 거리 사다리에서 변광성 다음의 단은 적색이동(적색편이)이다. 이것은 별빛 스펙트럼을 분석해서 그 별까지의 거리를 알아내는 방법으로, 이른바 '도플러 효과'라는 원리를 바탕으로 하고 있다.

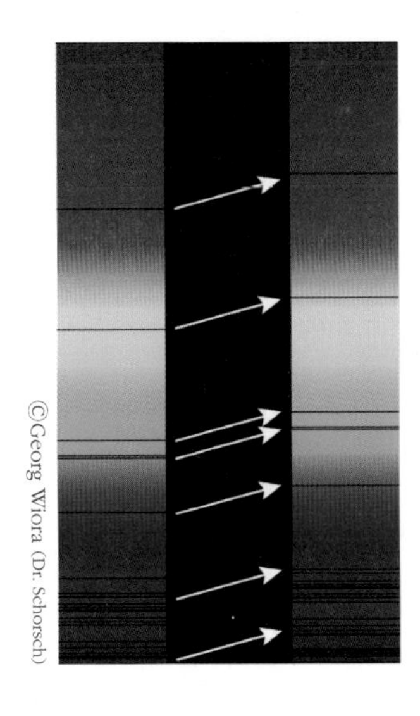

왼쪽은 태양의 가시광 스펙트럼이며, 오른쪽은 우리로부터 멀어져가는 먼 은하의 스펙트럼이다. 화살표가 나타내는 것처럼 스펙트럼의 검은 흡수선이 긴 파장 쪽(붉은색 쪽)으로 치우쳐 있다.

도플러 효과를 이해하기 쉽게 설명할 때 주로 소방차 사이렌 소리가 예로 제시된다. 소방차가 관측자에게 다가올 때 소리가 높아지다가, 소방차가 멀어질수록 급속히 소리가 낮아진다는 것을 알 수 있다. 이것은 파원이 관측자에게 다가올 때 파장의 진폭이 압축되어 짧아지다가, 반대로 멀어질 때는 파장이 늘어남으로써 나타나는 현상이다. 이것이 바로 도플러 효과로, 1842년에 이 원리를 처음으로 발견한 오스트리아의 과학자 크리스티안 도플러(1803~1853)의 이름을 딴 것이다.

도플러 효과는 모든 파동에 적용되는 원리다. 빛도 파동의 일종인 만큼 도플러 효과를 탐지할 수 있다. 도플러가 제시한 이 원리를 이용한 장비가 우리의 실생활에서도 여러 방면에 활발하게 쓰이고 있는데, 만약 당신에게 어느 날 느닷없이 속력 위반 딱지가 날아왔다면 그것은 바로 도플러 원리를 장착한 스피드건이 찍어서 보낸 것이다.

현재 천문학에서도 천체들의 속도를 측정하는 데 이 도플러 효과가 널리 사용되고 있다. 우주 팽창으로 인해 후퇴하는 천체가 내는 빛의 파장이 늘어나게 되는데, 일반적으로 가시광선 영역에서 파장이 길수록(진동수가 작을수록) 붉게 보인다. 따라서 후퇴하는 천체가 내는 빛의 스펙트럼이 붉은색 쪽으로 치우치게 되는데, 이를 적색이동이라고 한다. 이 적색이동의 값을 알면 천체의 후퇴 속도를 측정할 수 있다.

천문학에서 도플러 효과에 의한 적색이동은 1848년 프랑스의 물리학자 아르망 피조에 의해 처음으로 관측되었다. 그는 별빛의 선스펙트럼 파장이 변하는 것을 발견했는데, 이 효과는 '도플러·피조 효과'라고 불린다.

그러나 적색이동이 천문학에 거대한 변혁을 몰고온 것은 미국의 천문학자 베스토 슬라이퍼(1875~1969)로부터 시작되었다. 그는 1912년 당시 '나선성운'이라고 불리던 은하들이 상당히 큰 적색이동 값을 보인다는 것을 발견했다. 슬라이퍼는 이 논문에서 온 하늘에 고루 분포하는 나선은하들의 속도를 측정했는데, 그 중 3개를 제외하고는 모든 은하가 우리은하로부터 초속 수백, 수천 km의 속도로 멀어지고 있는 것을 발견했다.

그 뒤를 이어 1924년초 에드윈 허블은 은하들의 적색이동(속도)과 은하들까지의 거리가 비례한다는 허블의 법칙을 발견했다. 이러한 발견들은 우주가 정적이지 않고 팽창하고 있다는 가설을 관측으로 뒷받침하는 것으로, 우주의 팽창과 빅뱅 이론의 문을 활짝 열어젖힌 가장 중요한 근거로 받아들여지고 있다.

우주의 가장 긴 줄자인 '초신성'

우주에서 가장 먼 거리를 재는 우주의 줄자는 초신성이다. 초신성이란 진화의 마지막 단계에 이른 별이 폭발하면서 그 밝기가 평소의 수억 배에 이르렀다가 서서히 낮아지는 별을 가리키는데, 마치 새로운 별이 생겼다가 사라지는 것처럼 보이기 때문에 이런 이름이 붙었다. 하지만 사실은 늙은 별의 임종인 셈이다. 우리나라에서는 잠시 머물렀다 사라진다는 의미로 객성客星(손님별)이라고 불렀다.

그러면 어떤 별이 초신성이 되는가? 몇 가지 유형이 있는데, 먼저 태양 질량의 9배 이상인 무거운 별이 마지막 순간에 중력 붕괴를 일으켜 폭발하는 것이 있다.

다음으로는 쌍을 이루는 백색왜성에서 물질을 끌어와 그 한계 질량이 태양 질량의 1.4배를 넘는 순간 폭발하는 유형이 있는데, 이것이 바로 거리 측정에 사용되는 1a형 초신성이다. 이는 같은 한계 질량에서 폭발해 같은 밝기를 보이므로, 그 광도를 측정하면 그 별

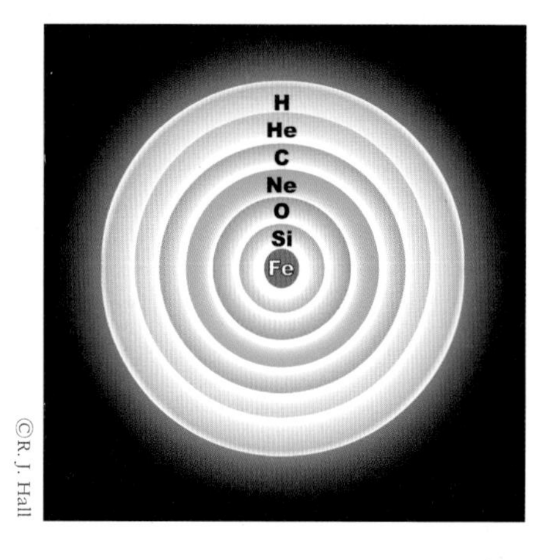

©R. J. Hall

초신성 폭발을 일으키기 직전인 적색거성의 양파 껍질 같은 층상구조 개념도.

까지의 거리를 알아낼 수가 있기 때문이다. 따라서 1a형 초신성은 자신이 속해 있는 은하까지의 거리를 측정할 수 있게 해주는 중요한 지표가 된다.

1929년 허블이 적색이동을 이용해 우주의 팽창을 처음으로 알아낸 이후, 우주의 팽창속도가 어떻게 변화하고 있는지가 중요한 관심사가 된 가운데 1a형 초신성은 먼 은하까지의 거리를 측정하고 우주의 팽창속도를 알아낼 수 있는 최적의 도구가 되었다.

1990년대에 들어 과학자들이 멀리 있는 1a형 초신성 수십 개의 거리와 후퇴속도를 분석한 결과, 초신성들이 우주가 일정한 속도로 팽창하는 경우에 비해 밝기가 더 어둡다는 사실이 밝혀졌다. 이것은 이 초신성들이 예상보다 멀리 있다는 것을 말하며, 그것은 곧 우주의 팽창속도가 점점 빨라지고 있음을 뜻한다. 말하자면 우주는 가속팽창되고 있다는 것이다. 이 획기적인 사실을 발견한 두 팀의 천문학자들은 2011년 노벨 물리학상을 받았다.

이전까지는 우주에 있는 물질들의 인력 때문에 우주의 팽창속도가 일정하게 유지되거나 줄어들 것으로 생각되었다. 그런데 실제 관측 결과는 이와 정반대로 나타난 셈인데, 우주의 이 같은 가속팽창에는 분명 어떤 힘이 계속 작용하고 있음을 뜻한다. 지금으로서는 이 힘의 정체가 무엇인지 알 길이 없지만, 과학자들은 이 정체불명의 힘에 '암흑 에너지dark energy'라는 이름을 붙였다.

가속팽창의 발견으로 노벨 물리학상을 공동 수상한 브라이언 슈미트 호주국립대 교수는 우주의 가속팽창에 관해 다음과 같이 설명한다. "암흑 에너지가 갑자기 사라지지 않는다면 약 1천억 년 후에 우주는 지구가 속한 은하수를 제외한 모든 은하계가 사라져버리고 결국 텅 빈 우주만 남게 될 것이다. 암흑 에너지는 더욱 많은 우주공간을 만들어내고 이는 암흑 에너지를 더 많이 생산하는 순환을 거듭해 우주는 결국 사라질 것이다. 암흑 에너지는 결코 끝나지 않는 겨울같이 황량하고 쓸쓸한 존재로 생각된다."

우주 전체에 고르게 퍼져 있는 암흑 에너지는 우주가 팽창할수록 점점 더 커진다. 우주 관측 결과를 우주론의 표준 모형으로 분석해보면 현재 우주 에너지 밀도의 68.3%가 암흑 에너지인 것으로 알려져 있다. 그러므로 우리 우주는 앞으로 영원히 가속 팽창할 운명이다. 이런 놀라운 우주의 비밀을 밝혀준 것이 바로 우주의 가장 긴 줄자인 초신성인 것이다.

심오한 질문 '밤하늘은 왜 어두운가?'

올베르스의 역설, 소설가가 풀었다

"밤하늘은 왜 어두운가?" 이런 당연하고도 싱거운(?) 질문 하나가 몇 세기 동안 천문학자들의 골머리를 싸매게 했다니, 얼른 믿기지 않겠지만 엄연한 사실이다.

이 질문의 의미는 보기보다 심오하다. 어두운 밤하늘이 '무한하고 정적인 우주'라는 기존의 우주관에 모순된다는 것을 보여주기 때문이다.

이 문제의 원형은 오래 전부터 존재했지만, 이것을 하나의 화두로 만든 사람은 19세기 독일의 천문학자인 하인리히 올베르스(1758~1840)다. 그래서 이 역설을 '올베르스의 역설'이라 한다. 소행성 발견자인 올베르스는 '어두운 밤하늘의 역설'이라고도 하는 이 역설로 더 유명해졌다.

괴테가 죽은 해인 1832년, 올베르스는 이 역설을 다음과 같이 서술했다. "무한한 공간 전체에 정말로 태양들이 산재한다면, 대략 같은 간격으로 분포하든지 아니면 은하 체계들에 속해서 분포하든지 간에 태양들의 개수는 무한대일 테고, 따라서 온 하늘이 태양 못지않게 밝아야 할 것이다. 왜냐하면 우리의 눈에서 뻗어나가는 모든 시선 각각이 반드시 어떤 항성과 만날 테고, 따라서 하늘의 모든 지점이 우리를 향해 항성의 빛, 곧 태양의 빛을 보낼 것이기 때문이다."

그런데도 우리가 보는 밤하늘은 여전히 어둡다. 이건 역설이다. 왜 그런가? 거리가 멀어질수록 별빛의 광도가 떨어지기 때문이라는 것도 정답이 될 수 없다. 광도는 거리 제곱에 반비례하지만, 그 거리를 반지름으로 하는 구면의 면적 역시 거리 제곱에 비례해 늘어나고, 따라서 별의 개수도 그만큼 늘어나기 때문이다.

이 질문에 대한 올베르스 자신의 답은 별빛을 차단하는 무엇, 예컨대 성간 가스나 먼지 같은 것들 때문이라고 보았다. 하지만 땡! 먼지와 가스층이 우주공간을 메우고 있다면 오랜 세월 빛에 노출되어 발광성운이 되어 빛나게 되므로 우주는 마찬가지로 밝아질 것이기 때문이다.

©W.S. Hartshorn

1848년의 에드거 앨런 포.

올베르스의 역설을 처음으로 해결한 사람은 뜻밖에도 과학자가 아니라 소설가였다. 유명한 소설『검정 고양이』를 쓴 미국의 작가 에드거 앨런 포(1809~1849)가 그 주인공이다. 아마추어 천문가이기도 한 포는 자신이 천체관측을 한 것에 대해 쓴 산문시 〈유레카(1848)〉에서 "광활한 우주공간에 별이 존재할 수 없는 공간이 따로 있을 수는 없으므로, 우주공간의 대부분이 비어 있는 것처럼 보이는 것은 천체로부터 방출된 빛이 아직 우리에게 도달하지 않았기 때문이다"라고 주장했다. 그는 또 "이 아이디어는 너무나 아름다워서 진실이 아닐 수 없다"라고 단언했다. 예술가다운 직관이라 하지 않을 수 없다.

포의 말마따나 밤하늘이 어두운 이유는 빛의 속도가 유한하고, 대부분의 별이나 은하의 빛이 아직 지구에 도달하지 않았기 때문이다. 그것은 또 별빛이 우리에게 도달하기에는 우주가 태어난 지 충분히 오래되지 않았기 때문이기도 하다.

그러나 당시에 포가 미처 몰랐던 중요한 사실이 하나 더 있다. 그것은 우주가 지금 이 시간에도 계속 엄청난 속도로 팽창하고 있다는 사실이다. 이 우주 팽창에 의해 별빛이 우리 눈으로 볼 수 없는 파장대로 변형되어 '가시광선'의 범위를 벗어남에 따라 밤하늘은 여전히 어두운 것이다. 또한 우주 저편에서 출발해 아직까지 도달하지 못한 별빛들 역시 당분간 아니, 영원히 도달하지 못할 것이고, 밤하늘이 점차 밝아지는 일도 일어나지 않을 것이라는 게 정답이다.

우리가 지구 행성에서 올려다보는 밤하늘이 어두운 이유는 우주가 유한하며 정적이지 않다는 빅뱅 이론을 지지하는 강력한 증거 중 하나인 셈이다. 밤하늘이 어두운 이유도 이처럼 심오하다.

5강

우주는 끝이 있을까?

"영원의 관점에서
사물을 생각하는 한
마음은 영원하다."

- **스피노자**(네덜란드 철학자)

우주에 존재하는 질량이 공간을 휘어지게 만들고, 그래서 우주 전체로 볼 때 우주는 그 자체로 완전히 휘어져 들어오는 닫힌 시스템이다. 따라서 유한하지만 안과 밖, 경계나 끝도 없고, 가장자리나 중심도 따로 없는 우주라는 것이다. 이것이 바로 깊은 사유 끝에 아인슈타인이 도달한 우주의 구조다. 다시 말하면, 우주는 무한하면서 유한하기도 하고, 유한하면서 무한하기도 하다. 이러한 아인슈타인의 '유한하나 끝이 없는' 우주에 대해 반론을 펴는 과학자들에게 〈뉴욕타임스〉는 이렇게 쏘아붙인 적이 있다. "우주가 어디선가 끝이 있다고 주장하는 과학자들은 우리에게 그 바깥에 무엇이 있는지 알려줄 의무가 있다."

우주는 끝이 있다? 없다?

우주에 관해 가장 궁금한 것 중의 하나는 "과연 우주는 끝이 있을까" 하는 문제일 것이다. 지금 이 순간에도 쉬지 않고 빛의 속도로 팽창하고 있는 이 우주의 끝은 과연 어디일까? 우주의 끝이라고 할 만한 게 있기는 한 것일까?

우리의 경험칙에 비추어보면 모든 것은 시작과 끝이 있다. 그런데 이것을 우주에 적용하면 '에러'가 뜬다. 끝이 있다는 것은 그 바깥으로 다른 무언가가 또 있다는 뜻이기 때문이다.

우주에 끝이 없다면 크기가 무한대라는 뜻인데, 일찍이 철학자 아리스토텔레스는 무한대는 상상의 산물일 뿐 실재하지는 않는다는 것을 다음과 같이 삼단논법으로 멋들어지게 증명한 바 있다. "무한대라 하더라도 유한한 것들의 집합일 수밖에 없다. 유한한 것들은 아무리 합쳐봐야 그 결과는 유한하다. 그러므로 무한대란 존재하지 않는다."

그러니까 우주에 대해선 끝이 있다는 것도 모순이요, 없다는 것도 모순이라는 논리가 된다. 이처럼 우주의 끝을 찾는 문제는 언뜻 단순한 듯하면서도 실상은 심오하기 그지없는 문제다. 또한 그것은 우주의 구조와 맞물려 있는 문제이기도 하다.

우주가 무한하다고 하면 이 문제에 대해 더 이상 생각할 필요가 없으므로 속이 편하긴 한데, 우리가 볼 수 있고 관측할 수 있는 우주에 국한해 생각한다면 우주의 끝은 분명 있다. 138억 년 전에 우주가 태어났으니까, 우리는 빛이 138억 년을 달리는 거리까지만 볼 수 있을 뿐이다. 그것을 '우주의 지평선'이라고 한다.

우리는 우주의 지평선 너머에 있는 사건들은 볼 수가 없다. 우주의 지평선 너머에는 과연 무엇이 있을까? 우주의 등방성과 균일성을 신줏단지처럼 믿고 있는 천문학자들은 그곳의 풍경도 이쪽의 풍경과 별반 다르지 않을 거라고 생각한다. 신은 공평하니까 거기라고 해서 여기와 크게 다르게 무엇을 창조해놓았을 리는 없다고 생각하는 거다. 하지만 아무도 확신할 수는 없다. 우리는 영원히 그 너머의 풍경을 엿볼 수 없을 터이므로.

이런 사연으로 인해 우주의 끝 문제는 그리 간단치가 않다. 우주의 구조가 우리가 일상적으로 겪고 보는 것들과는 전혀 다른 형태를 하고 있는 것도 또 한 가지 이유이기도 하다.

안과 밖이 따로 없는 우주의 구조

우주의 끝 문제에 대해 최초로 과학적인 가설을 내놓은 사람은 아인슈타인(1879~1955)이다. 그가 생각한 우주의 형태는 '유한하나 경계가 없는 우주'다. 즉 우주는 일정한 크기가 있긴 하지만, 안팎의 경계가 없는 구조라는 뜻이다. 그러니까 우주는 끝이라고 할 만한 것이 존재하지 않는다는 얘기다.

'뭐? 그런 게 어디 있어? 안이 있으면 바깥도 있는 거지.' 사람들은 보통 상식적으로 그렇게들 생각하지만, 그렇지 않은 사물들도 있다. 뫼비우스의 띠만 해도 그렇다. 한 줄의 긴 띠를 한 바퀴 틀어 서로 연결해보면 그 띠에는 안과 밖이 따로 없다. 국소적으로는 안팎이 있지만, 전체적으로는 서로 연결된 구조다. 만약 개미가 그 띠 위를 계속 기어가면 자신이 출발한 곳으로 되돌아오게 된다.

뫼비우스의 띠는 2차원이지만 3차원 버전도 있다. 클라인 병은 더 극적인 현상을 보여준다. 1882년 독일의 수학자 펠릭스 클라인(1849~1925)이 발견한 클라인 병은 안과 바깥의 구별이 없는 공간을 가진 구조다. 클라인 병을 따라가다 보면 공간이 뒷면으로 이어진다.

그러니 안과 밖이 반드시 따로 있다는 것은 우리의 고정관념일 뿐이다. 3차원의 우주는 이런 식으로 휘어져 있다는 얘기다. 따라서 우주에는 중심과 가장자리란 게 따로 없다. 내가 있는 이 지점이 우주의 중심이라 해도 틀린 얘기가 아니다. 우주의 모든 지점은 중심이기도 하고, 가장자리이기도 하다.

아인슈타인은 무한한 우주가 불가능한 이유는 그럴 경우 중력이 무한대가 되고, 모든 방향에서 쏟아져 들어오는 빛의 양도 무한대가 되기 때문이라고 보았다. 그리고 한 공간에 떠 있는 유한한 우주는 별과 에너지가 우주에서 빠져나가는 것을 막아줄 아무런 것도 없기 때문에 역시 불가능하며, 오로지 유한하면서 경계가 없는 우주만이 가능하다고 생각했다.

뫼비우스의 띠. 종이 끝을 테이프로 이었는데, 개미가 그 띠 위를 계속 기어가면 자신이 출발한 곳의 반대 면으로 되돌아 오게 된다.

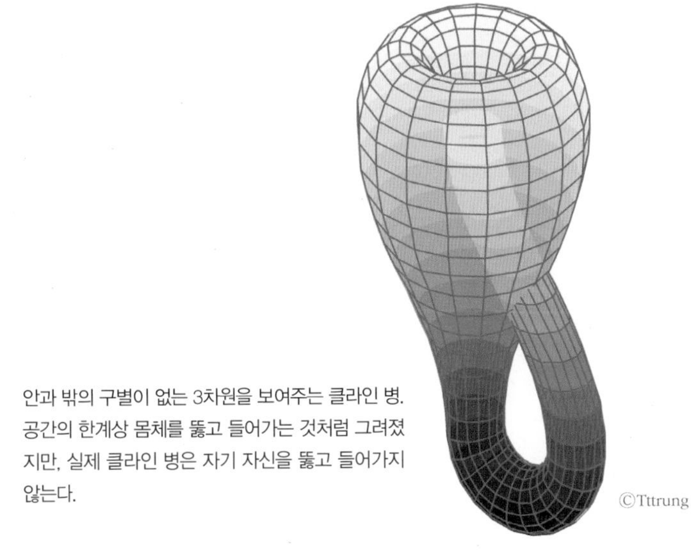

안과 밖의 구별이 없는 3차원을 보여주는 클라인 병. 공간의 한계상 몸체를 뚫고 들어가는 것처럼 그려졌지만, 실제 클라인 병은 자기 자신을 뚫고 들어가지 않는다.

공간은 휘어져 있다, 일반 상대성 이론으로 보는 우주

1905년에 발표된 특수 상대성 이론은 등속도로 운동하는 관성계에만 적용되는 이론이었지만, 아인슈타인은 이를 확장해서 중력에 적용하기로 마음먹고 이후 10년간 일반 상대성 이론의 연구에 매달렸다.

1917년초, 그는 마침내 〈일반 상대성 이론에 대한 우주론적 고찰〉이라는 제목의 논문을 발표해 과학계에 커다란 반향을 불러일으켰다. 그 시대의 어느 누구도 생각지 못했던 아이디어로, “인류 역사상 가장 위대한 지적 산물의 하나”라는 평가를 받았다.

아인슈타인은 일반 상대성 이론에서 혁명적인 발상을 하나 선보였는데, 그것은 바로 ‘중력과 가속도는 같은 것이다’라는 개념이다. 아인슈타인의 장기 중 하나는 사고思考실험인데, 상상으로 실험을 하는 것을 가리킨다. 그는 어느 날 문득 ‘엘리베이터를 타고 자유낙하를 한다면 어떻게 될까?’ 하는 사고실험을 했다. 모든 물체는 질량에 관계없이 중력 아래에서 같은 속도로 떨어진다. 자유낙하하는 물체는 중력이 없는 것처럼 행동한다. 자유낙하하는 엘리베이터 속의 사람은 틀림없이 중력을 느끼지 못할 거라는 데 생각이 미치자, 하나의 통찰이 그를 찾아왔다.

‘아, 중력과 가속운동은 같은 거구나!’ 즉 중력은 물체의 성질이 아니라 시공간의 성질이라고 아인슈타인은 생각했다. 이 통찰이 찾아왔을 때가 인생에서 가장 행복했던 순간이라고 아인슈타인은 회고한 적이 있다. 말 그대로 '인생 통찰'이었다.

뉴턴은 중력을 전제로 만유인력 방정식을 만들었지만, 중력의 정체에 대해서는 끝내 알 수 없었다. 역제곱 법칙으로 공간을 가로지르는 중력이란 무엇인가? 뉴턴을 비판하던 사람들은 이것을 중력의 '원격작용'이라고 하면서 '유령'이 그 전달 매개물이라고 비꼬았다. 이에 대해 뉴턴은 "나는 가설을 만들지 않는다"며 문제를 덮고 말았다. 따라서 만유인력의 법칙은 사실 제품의 사용 설명서에 다름 아닌 셈이다.

이렇게 뉴턴이 포기한 지점에서 아인슈타인은 시작했다. 도대체 중력이란 무엇일까? 눈으로 볼 수도 없고 감각으로 지각할 수도 없지만, 엄연히 존재하는 이 중력은 아인슈타인에게 커다란 신비이자 수수께끼였다.

어릴 때부터 상상력이 풍부했던 아인슈타인은 5세에 아버지로부터 생일선물로 나침반을 받았는데, 보이지 않는 힘이 나침반의 바늘을 움직이는 것을 보고는 신비로운 감정을 느꼈다고 회고한 적이 있다. 자연의 신비에 대해 누구보다 민감하고 상상력이 풍부했던 아인슈타인이 중력에 매달린 것은 결코 우연이 아니었다.

그는 10년 동안 이 문제에 매달린 끝에 중력의 맨얼굴을 비로소 힐끗 본 것이다. 우리가 중력 때문이라고 믿는 효과와, 가속 때문이라고 믿는 효과는 모두 하나의 똑같은 구조에 의해 만들어진 것임을 깨달았다. 즉 중력이란 물질이 휘어진 시공간을 타고 움직이게 하는 힘이라는 것이다.

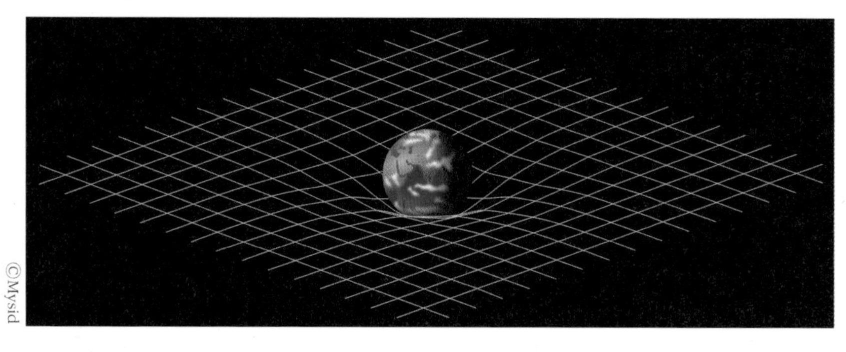
©Mysid

일반 상대성 이론에서 묘사된 시공의 곡률을 2차원으로 표현한 그림. 3차원 존재인 인간은 3차원 공간의 휘어짐은 상상할 수가 없다.

일반 상대성 이론에 따르면 큰 질량체는 주변 공간을 구부러뜨리고 이 휘어진 공간을 물체가 통과할 때는 반드시 가속을 받게 되는데, 물체가 중력을 느끼는 것은 바로 이 공간의 곡률 때문이라고 해석했다. 말하자면, 중력이라는 힘을 시공간의 기하학적 성질로 바꿔버린 것이다. 이는 참으로 기발하고도 의표를 찌르는 해석이라 하지 않을 수 없다. 그래서 상대성 이론은 흔히 중력이론으로도 불린다.

뉴턴은 떨어지는 사과를 보고 지구의 중력이 사과를 끌어당기는 것으로 풀이했다. 그러나 아인슈타인의 일반 상대성 이론은 지구가 우리를 둘러싼 시공간 연속체를 휘게 만들어 휜 시공간의 비탈로 사과가 굴러떨어지고 있다고 보았던 것이다.

휘어진 시공간의 개념을 쉽게 이해하기 위해 고무판처럼 휘어지는 평면 위에 쇠구슬을 올려놓아보자. 쇠구슬이 놓여 있는 평면은 쇠구슬 무게 때문에 조금 눌리는데, 이것은 바로 태양처럼 무거운 물체가 시공간에 미치는 영향과 비슷하다. 이제 작고 가벼운 구슬을 고무판 위로 굴린다면, 구슬은 뉴턴의 운동법칙에 따라 직선으로 움직일 것이다. 하지만 무거운 물체 가까이에서는 우묵한 비탈을 타고 아래쪽으로 휘어지면서 무거운 물체 쪽으로 끌리게 된다. 이처럼 무거운 물체는 시공간을 구부러지게 만든다는 것이다.

일반 상대성 이론에서 아인슈타인은 중력이란 두 물체 사이에 일어나는 원격작용의 힘이 아니라 휘어진 시공간의 곡률 때문에 생겨나는 것이라고 말한다. 시공간에서 물체는 시공간 구조와 물체 운동의 양방향으로 영향을 주고받는다. 즉 물체는 시공간의 모양을 결정하고, 그와 동시에 시공간의 모양은 물체의 운동을 결정한다.

이를 두고 미국의 물리학자 존 휠러(1911~2008)는 "질량은 공간에게 어떻게 구부러지라고 얘기하고, 공간은 질량에게 어떻게 운동하라고 말한다"라고 표현했다.

유한하나 끝이 없는 우주

일반 상대성 이론에 따르면 우주는 시공간이라는 근본적인 천으로 짜인 것이며, 이 천은 물질에 의해 휘어져 있다. 우리가 중력을 느끼는 것은 이 휘어진 시공간의 기하학적인 효과인 것이다. 우주에 존재하는 질량이 공간을 휘어지게 만들고, 그래서 우주 전체로 볼 때 우주는 그 자체로 완전히 휘어져 들어오는 닫힌 시스템이다.

따라서 유한하지만 안과 밖, 경계나 끝도 없고, 가장자리나 중심도 따로 없는 우주라는 것이다.

이것이 바로 깊은 사유 끝에 아인슈타인이 도달한 우주의 구조다. 다시 말하면, 우주는 무한하면서 유한하기도 하고, 유한하면서 무한하기도 하다.

이러한 아인슈타인의 '유한하나 끝이 없는' 우주에 대해 반론을 펴는 과학자들에게 〈뉴욕타임스〉는 이렇게 쏘아붙인 적이 있다. "우주가 어디선가 끝이 있다고 주장하는 과학자들은 우리에게 그 바깥에 무엇이 있는지 알려줄 의무가 있다."

독일 물리학자 막스 보른(1882~1970)은 "유한하지만 경계가 없는 우주의 개념은 지금까지 생각해왔던 세계의 본질에 대한 가장 위대한 아이디어의 하나"라고 평했다.

현재 우주의 크기는 약 930억 광년이라는 NASA의 계산서가 나와 있다. 138억 년 전에 태어난 우주가 이처럼 큰 것은 초기에 빛의 속도보다 빠르게 팽창했기 때문이다. 이를 인플레이션이라 한다. 아인슈타인의 특수 상대성 이론에 따르면 우주에서 빛보다 빠른 것은 없다고 하지만, 우주는 공간 자체가 팽창하는 것이기 때문에 그에 구애받지 않는다. 어쨌든 현대 우주론은 우주의 끝에 대해 이렇게 결론 내리고 있다.

"우주는 유한하나 그 경계는 없다."

아인슈타인은 과연 '신神'을 믿었을까?

27단어로 답하다

상대성 이론을 만들어 세계를 보는 인류의 시각을 극적으로 바꿔놓은 20세기 최고의 과학 천재 아인슈타인. 이 인류 최고의 지성이 과연 신이란 존재에 대해 어떻게 생각할까, 하는 것은 사람들의 큰 관심사였다. 아인슈타인은 신을 믿을까? 만약 믿는다면 그가 믿는 신은 어떤 신일까?

이런 궁금증을 참지 못하고 마침내 아인슈타인에게 냅다 돌직구를 날린 사람이 나타났다. 질문은 전보문으로 날아들었다. 1929년 미국 뉴욕의 유대교 랍비인 골드슈타인이 아인슈타인에게 전신으로 보낸 질문은 다음과 같다.

"당신은 신을 믿습니까? 50단어로 답해 주십시오. 회신료는 선불되었습니다."

이 질문에 대해 아인슈타인이 보낸 답신은 독일어 27단어*로 된 다음과 같은 답장이었다.

* Ich glaube an Spinozas Gott, der sich in der gesetzlichen Harmonie des Seienden offenbart, nicht an einen Gott, der sich mit Schicksalen und Handlungen der Menschen abgibt.

"나는 존재하는 모든 것의 법칙적 조화로 스스로를 드러내는 스피노자의 신은 믿지만, 인간의 운명과 행동에 관여하는 신은 믿지 않습니다."

골드슈타인이 아인슈타인의 답변에 만족했을 것 같지는 않다. 완전히 이해하기도 어려웠을 것이다. 아인슈타인은 전보문 내용을 어느 편지에서 보다 자세히 설명했는데, 다음과 같은 내용이다.

"두 종류의 신이 있다. 우리는 굉장히 과학적이어야 하고, 정확한 정의를 내려야 한다. 만약 신이 우리와 함께 하는 인격적 신이라면, 그리고 바닷물을 가르고 기적을 보이는 신이라면, 나는 그러한 신은 믿지 않는다. 크리스마스에 자전거를 사달라는 기도를 들어주시는 신, 이런저런 소원을 들어주시는 신이라면 나는 믿지 않는다. 그러나 나는 질서와 조화, 아름다움과 단순함 그리고 고상함의 신을 믿는다. 나는 스피노자의 신을 믿는다. 왜냐하면 이 우주는 너무나 아름답기 때문이다. 굳이 그럴 이유가 없는데도 말이다. 스피노자는 '우주는 자연이자 신이다'라고 말했다."

아인슈타인과 같이 유대인인 바뤼흐 스피노자는 17세기 네덜란드 철학자로 범신론자이다. 범신론이란 '자연의 밖에 존재하는 인격적인 초월자를 인정하지 않고 우주·자연에 존재하는 모든 것은 신이며, 신은 초월적인 존재가 아니고 존재 그 자체다'라는 관점이다. 세계 내의 '모든 것이 하나'라고 믿는 그의 신관에 따르면 우리는 초월적 신을 대상으로 하는 것이 아니라, 바로 '신'

안에 살고 있는 셈이다.

바이올린 켜는 아인슈타인. 그는 모차르트 광팬이었다. "모차르트의 음악은 너무나 순수하고 아름다워서 우주 자체의 내적 아름다움을 반영한 것같이 보인다"고 말했다.

아인슈타인은 또 어느 편지글에서 인간이 믿는 신에 대해 "내게 신이라는 단어는 인간의 약점을 드러내는 표현과 산물에 불과하다"라고 말했으며, 『성서』에 대해서는 "훌륭하지만 상당히 유치하고 원시적인 전설들의 집대성이며, 아무리 치밀한 해석을 덧붙이더라도 이 점은 변하지 않는다"라고 단언했다. 나아가 "유대교는 다른 종교와 마찬가지로 가장 유치한 미신들이 현실화된 것에 불과하며, 유대인은 결코 선택된 민족이 아니다"라고 주장했다.

이를 두고 일부에서는 아인슈타인이 확고한 무신론자라고 주장하기도 하지만, 그것은 신의 개념을 어떻게 정의하는가에 따라 달라질 수 있는 문제다. 그에게도 종교가 없었다고는 말할 수 없다. 그가 믿는다고 말한 신은 스피노자의 신이며, 스피노자의 신은 '우주'이다. 따라서 아인슈타인의 종교는 '우주교'라 할 수 있다. 그는 우주와 신의 본질에 대해 다음과 같이 말했다.

"우주가 이해 가능하고 법칙을 따른다는 사실은 경탄할 만한 가치가 있는 것이다. 그것은 존재하는 모든 것의 조화를 통해 스스로를 드러내는 신의 본질적인 특성이다."

6강

우주에서 가장 기괴한 존재, 블랙홀

"과학은 자연의 궁극적인 신비를 결코 풀지 못할 것이다.
자연을 탐구하다 보면 자연의 일부인 자기 자신을
탐구해야 할 때가 반드시 찾아오기 때문이다."

- **막스 플랑크**(독일 물리학자)

사건 지평선이란 외부에서는 물질이나 빛이 자유롭게 안쪽으로 들어갈 수 있지만 내부에서는 블랙홀의 중력에 대한 탈출속도가 빛의 속도보다 커서 원래의 곳으로 되돌아갈 수 없는 블랙홀의 바깥 경계를 말한다. 말하자면 사건 지평선이란 그 내부에서 일어난 사건이 외부에 영향을 줄 수 없는 경계면으로, 블랙홀 동네의 일방통행 구간의 시작점이다. 어떤 물체가 사건의 지평선을 넘어갈 경우 그 물체에게는 파멸적 영향이 가해지겠지만, 바깥 관찰자에게는 속도가 점점 느려져 그 경계에 영원히 닿지 않는 것처럼 보인다.

블랙홀이 태어난 곳은 인간의 머릿속이었다!

호주 과학자로 노벨상을 받은 존 에클스는 일찍이 "우주는 우리가 상상하는 것보다 기이할 뿐만 아니라, 상상할 수 있는 것 이상으로 기이하다"라고 했지만, 블랙홀이야말로 우주에서 가장 기이하고도 환상적인 천체일 것이다. 블랙홀은 물질밀도가 극도로 높은 나머지 빛마저도 빠져나갈 수 없는 엄청난 중력을 가진 존재로, 우리 눈에는 보이지도 않는다.

가까이 접근하는 모든 물체를 가리지 않고 게걸스럽게 집어삼키는 중력의 감옥, 블랙홀! 블랙홀이 초등학생을 포함해 모든 연령층, 모든 직업군을 아울러 크나큰 관심을 불러일으키고 상상력을 자극하는 것은 대체 무엇 때문일까?

이 괴이쩍은 존재는 희한하게도 우주에서 발견된 것이 아니라 인간의 상상 속에서 태어났다. 1783년, 천문학에 관심이 많던 영국의 지질학자 존 미첼(1724~1793)이 밤하늘의 별을 보면서 엉뚱한 생각을 했다. 뉴턴의 중력 법칙과 빛의 입자설을 결합해 '별이 극도로 무거우면 중력이 너무나 강한 나머지 빛마저도 탈출할 수 없게 되어 빛나지 않는 검은 별이 될 것이다' 하고 상상했던 것이 블랙홀 개념의 첫 씨앗이었다.

미첼은 이에 그치지 않고 그 생각을 편지로 써서 왕립협회로 보냈다.

"만약 태양과 같은 밀도를 가진 어떤 구체의 반지름이 태양의 500분의 1로 줄어든다면, 무한한 높이에서 그 구체로 낙하하는 물체는 표면에서 빛의 속도보다 빠른 속도를 얻게 될 것이다. 따라서 빛이 다른 물체들과 마찬가지로 관성량에 비례하는 인력을 받게 된다면, 그러한 구체에서 방출되는 모든 빛은 구체의 자체 중력으로 인해 구체로 되돌아가게 될 것이다."

그러나 당시 과학자들은 이론적인 것일 뿐, 그런 별이 실재하지는 않을 거라 생각하고 무시했다. 이러한 '검은 별dark star' 개념은 19세기 이전까지도 거의 무시되었는데, 그때까지 빛의 파동설이 우세했기 때문에 질량이 없는 파동인 빛이 중력의 영향을 받을 것이라고는 생각하기가 힘들었기 때문이다.

블랙홀 논쟁의 마침표

그로부터 130년이 훌쩍 지난 1916년, 아인슈타인이 우주를 기술하는 뉴턴 역학을 대체해 시간과 공간이 하나로 얽혀 있음을 보인 일반 상대성 이론을 발표한 직후, 검은 별 개념은 새로운 활력을 얻어 재등장했다. 일반 상대성 이론은 중력을 구부러진 시공간으로 간주하며, 질량을 가진 천체는 주변 시공간을 휘게 만든다는 이론이다.

독일의 천문학자 카를 슈바르츠실트(1873~1916)가 아인슈타인의 중력장방정식을 별에 적용해서 방정식의 해를 구했다. 그 결과, 별이 일정한 반지름 이하로 압축되면 빛마저 탈출할 수 없는 강한 중력이 생기게 되고, 그 중심에는 모든 물리법칙이 통하지 않는 특이점이 나타난다는 것을 알았다. 이것을 오늘날 '슈바르츠실트 반지름'이라고 부른다. 어떤 물체가 블랙홀이 되려면 얼마만 한 반지름까지 압축되어야 하는가를 나타내는 반지름 한계치다.

이에 대해 아인슈타인은 "슈바르츠실트 반지름은 수학적 해석일 뿐 실재하지 않는다는 것을 내 연구는 보여준다"면서 인정하지 않았다. 그러나 그 뒤 핵물리학이 발전해 충분한 질량을 지닌 천체가 자체 중력으로 붕괴한다면 블랙홀이 될 수 있다는 예측을 내놓았고, 이 예측은 결국 강력한 망원경으로 무장한 천문학자들에 의해 관측으로 입증되었다.

1963년 미국 팔로마산 천문대는 심우주에서 유독 밝게 빛나는 천체를 발견했는데, 그것이 바로 검은 별의 에너지로 형성된 퀘이사임을 확인했다. 오로지 상상 속에서만 존재하던 검은 별이 2세기 만에 마침내 실마리를 드러낸 것이다.

사실 이전에는 '블랙홀'이란 이름조차 없었다. 대신 '검은 별' '얼어붙은 별' '붕괴한 별' 등 이상한 이름으로 불려왔다. '블랙홀'이란 용어를 최초로 쓴 사람은 미국 물리학자 존 휠러로 1967년에야 처음으로 일반에 소개되었으며, 블랙홀의 실체가 발견된 것은 1971년이었다. 그 존재가 예측된 지 거의 200년이 지나서야 이름을 얻고 실체가 발견된 셈이다.

ⒸNASA

찬드라 X-선 우주망원경이 잡은 궁수자리 A* 모습. 우리은하 중심에 있는 거대질량 블랙홀이다.

1971년 NASA의 X-선 관측위성 우후루는 블랙홀 후보로 백조자리 X-1을 발견했다. 강력한 X-선을 방출하는 이것이 과연 블랙홀인가를 놓고 이론이 분분했는데, 급기야는 과학자들 사이에 내기가 붙었다. 1974년 스티븐 호킹과 킵 손 칼텍 교수 사이에 벌어진 내기에서 호킹은 백조자리 X-1이 블랙홀이 아니라는 데 걸었고, 킵 손은 그 반대에 걸었다. 지는 쪽이 성인잡지 〈펜트하우스〉 1년 정기 구독권을 주기로 했다. 1990년 관측에서 특이점의 존재가 입증되자 호킹은 내기에 졌음을 인정하고 잡지 구독권을 킵 손에게 보냈는데, 그 일로 킵 손 부인에게 원성을 샀다고 한다.

영화 〈인터스텔라〉 제작에 자문역으로 참여하기도 했던 킵 손은 나중에 블랙홀 존재를 결정적으로 입증한 LIGO*의 블랙홀 중력파 검출로 노벨 물리학상을 받았다. 블랙홀 연구에 큰 업적을 남긴 호킹은 노벨상을 받지 못해 안타깝게도 킵 손에게 두 번이나 패배한 형국이 되었다.

2005년에는 우리은하 중심에서도 블랙홀이 발견되었는데, 최신 관측 자료에 의하면 전파원 궁수자리 A*가 태양 질량의 430만 배인 초대질량 블랙홀임이 밝혀졌다.

블랙홀 존재, 어떻게 알 수 있나?

블랙홀은 엄청난 질량을 갖고 있지만 덩치는 아주 작다. 그만큼 물질밀도가 극도로 높다. 예컨대 태양이 블랙홀이 되려면 얼마나

* 레이저 간섭계 중력파 관측소(Laser Interferometer Gravitational-Wave Observatory; LIGO). 미국 워싱턴주 핸포드와 루이지애나주 리빙스턴에 있는 중력파 관측 시설. 2015년 9월 14일 4개의 블랙홀 충돌로 인한 중력파를 검출하는 데 성공한 공로로 킵 손 외 2명이 2017년 노벨 물리학상을 받았다.

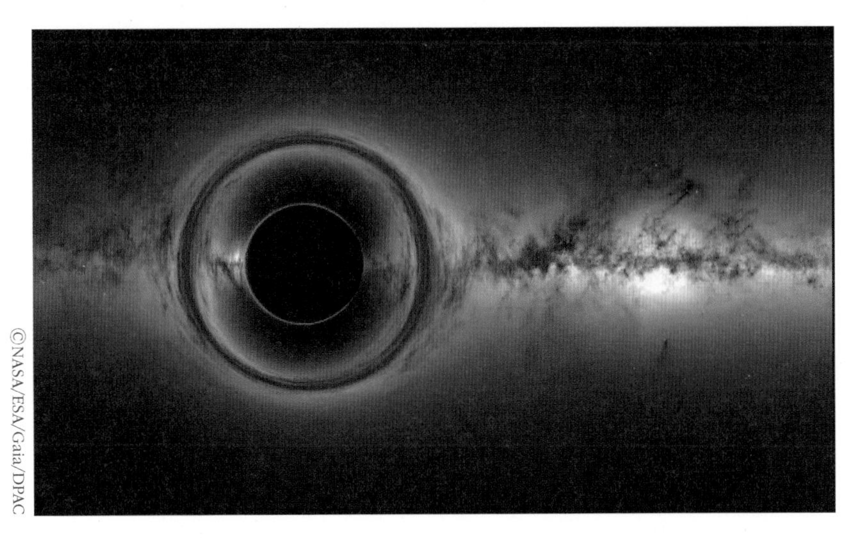

우리은하 앞에 블랙홀이 있을 경우를 시뮬레이션한 사진. 중력렌즈 효과로 우리은하가 매우 왜곡된 상으로 확대되어 보인다.

밀도가 높아야 할까? 슈바르츠실트 반지름의 해 공식으로 구해보면, 70만 km인 반지름이 3km까지 축소되어야 하며, 밀도는 자그마치 1cm^{3}에 200억 톤의 질량이 된다. 각설탕 하나 크기가 그만 한 무게가 나간다는 얘기다. 지구가 블랙홀이 되려면 반지름이 우리 손톱 정도인 0.9cm로 작아져야 한다.

이처럼 초고밀도의 블랙홀은 중력이 극강이라 어떤 것도 블랙홀을 탈출할 수가 없다. 지구 탈출속도는 초속 11.2km이며, 빛의 초속은 30만 km다. 블랙홀의 중력이 너무나 강해 탈출속도가 30만 km를 넘기 때문에 빛도 여기서 탈출할 수가 없는 것이다.

따라서 우리는 블랙홀을 볼 수가 없다. 하지만 과학자들은 블랙홀의 존재를 확인할 수가 있다. 어떻게? 블랙홀이 주변의 가스와 먼지를 강력히 빨아들일 때 방출하는 X-선 복사로 그 존재를 탐색하는 것이다.

우리은하 중심부에 있는 초대질량 블랙홀은 두터운 먼지와 가스로 뒤덮여 있어 X-선 방출을 가로막고 있다. 물질이 블랙홀로 빨려 들어갈 때 블랙홀의 사건 지평선 입구에서 안으로 들어가지 않고 스쳐 지나는 경우도 있다. 블랙홀이 직접 보이지는 않지만, 물질이 함입될 때 발생하는 강력한 제트 분출은 아주 먼 거리에서도 볼 수 있다.

블랙홀 동네의 일방통행 구간, 사건 지평선

1958년에 미국 물리학자 데이비드 핀켈스타인이 "인과관계가 오직 한 방향으로만 가로지를 수 있는 완벽한 단향성 막"이라는 정의로 블랙홀의 '사건 지평선event horizon' 개념을 처음으로 선보였다.

사건 지평선이란 외부에서는 물질이나 빛이 자유롭게 안쪽으로 들어갈 수 있지만, 내부에서는 블랙홀의 중력에 대한 탈출속도가 빛의 속도보다 커서 원래의 곳으로 되돌아갈 수 없는 블랙홀의 바깥 경계를 말한다. 말하자면 그 내부에서 일어난 사건이 외부에 영향을 줄 수 없는 경계면으로, 블랙홀 동네의 일방통행 구간의 시작점이다. 어떤 물체가 사건의 지평선을 넘어갈 경우 그 물체에게는 파멸적 영향이 가해지겠지만, 바깥 관찰자에게는 속도가 점점 느려져 그 경계에 영원히 닿지 않는 것처럼 보인다.

블랙홀은 특이점singularity과 안팎의 사건 지평선으로 구성된다. 특이점이란 블랙홀 중심에 중력의 고유 세기가 무한대로 발산하는 시공간의 영역으로, 여기서는 물리법칙이 성립되지 않는다. 즉 사건의 인과관계가 보장되지 않는다는 뜻이다. 이 특이점을 둘러싸고 있는 것이 안팎의 사건 지평선으로, 바깥 사건 지평선은 물질이 탈출이 가능한 경계이지만 안쪽 사건 지평선은 어떤 물질이라도 탈출이 불가능한 경계다.

사건 지평선 가까이에서는 중력에 의해 적색이동과 시간 지연이 일어난다. 우주여행을 다룬 영화에서 흔히 볼 수 있는, 우주여행을 하고 돌아왔을 때 지구에서는 많은 시간이 흐른 것에 비해 비행사는 나이를 먹지 않았다는 설정이 바로 그것이다.

만약 블랙홀 근처에 있는 비행사의 모습을 동영상으로 찍어서 실시간으로 통신한다면, 아주 느린 영상으로 움직이는 것을 보게 될 것이다. 멀리 떨어진 관찰자에게는 무한대의 시간 지연이 일어나는 위치지만, 블랙홀을 향해 자유낙하하는 관찰자에게는 지평선을 통과할 때 아무런 특별한 일도 일어나지 않는다.

사건 지평선이란 멋진 이름도 블랙홀 이름을 작명한 물리학계의 작명가 존 휠러가 지은 것이다.

블랙홀, 화이트홀, 웜홀

1964년, 이론 물리학자 존 휠러가 최초로 '블랙홀'이라는 단어를 대중에게 선보인 데 이어 1965년에는 러시아의 이론 천체물리학자 이고르 노비코프(1929~2007)가 블랙홀의 반대 개념인 '화이트홀'이라는 용어를 만들었다. 만약 블랙홀이 모든 것을 집어삼킨다면 언젠가 우주공간으로 토해낼 수 있는 구멍도 필요하지 않겠는가 하는 것이 이 화이트홀 가설의 근거다. 말하자면, 블랙홀은 입구가 되고 화이트홀은 출구가 되는 셈이다.

이렇게 블랙홀과 화이트홀을 연결하는 우주 시공간의 구멍을 웜홀(벌레구멍)이라 한다. 말하자면 두 시공간을 잇는 좁은 통로로, 우주의 지름길이라 할 수 있다. 웜홀을 지나 성간여행이나 은하 간 여행을 할 때, 훨씬 짧은 시간 안에 우주의 한쪽에서 다른 쪽으로 도달할 수 있다는 것이다. 웜홀은 벌레가 사과 표면의 한쪽에서 다른 쪽으로 이동할 때 이미 파먹은 구멍으로 가면 더 빨리 갈 수 있다는 점에 착안해 지어진 이름이다.

하지만 화이트홀의 존재는 증명된 바가 없으며, 블랙홀의 기조력 때문에 진입하는 모든 물체가 파괴되어서 웜홀을 통한 여행은 수학적으로만 가능할 뿐이다. 그래서 스티븐 호킹도 "웜홀 여행이라면 사양하고 싶다"고 말한 적이 있다.

어쨌든 블랙홀 현관 안으로 들어갔던 물질이 다른 우주의 시공간으로 다시 나타난다는 아이디어는 그다지 놀랄 만한 것은 아니

ⒸNASA

동반성을 잡아먹는 블랙홀. 트림 같은 제트를 내뿜는다.

지만, 여기에서 무수한 공상과학 스토리가 탄생했다. 〈닥터 후Doctor Who〉〈스타게이트Stargate〉〈프린지Fringe〉 등 끝이 없을 정도다.

이런 얘기들은 하나같이 등장인물들이 우리 우주와 다른 우주 또는 평행우주를 여행한다는 줄거리로 되어 있다. 그러한 우주는 수학적으로 성립되는 가공일 뿐으로, 그 존재에 대한 증거는 아직까지 하나도 밝혀진 것이 없다.

그러나 시간여행이 현실적으로 불가능하다는 얘기는 아니다. 만약 우리가 엄청난 속도로 여행하거나, 또는 블랙홀 안으로 떨어진다면 외부 관측자의 눈에는 시간의 흐름이 아주 느리게 보일 것이다. 이것을 중력적 시간지연이라 한다.

이 효과에 의해 블랙홀로 낙하하는 물체는 사건의 지평선에 가까워질수록 점점 느려지는 것처럼 보이고, 사건의 지평선에 닿기까지 걸리는 시간은 무한대가 된다. 즉 사건의 지평선에 닿는 것이 외부에서는 관찰될 수 없다. 외부의 고정된 관찰자가 보면 이 물체의 모든 과정은 느려지는 것처럼 보이기 때문에, 물체에서 방출되는 빛도 점점 파장이 길어지고 어두워져서 결국 보이지 않게 된다.

아인슈타인의 특수 상대성 이론에 따르면, 빠르게 운동하는 시계의 시간은 느리게 간다. 영화 〈인터스텔라〉는 블랙홀 근처에서 일어나는 이러한 현상을 보여주었다. 우주 비행사 쿠퍼가 시간여행을 할 수 있었던 것은 그 때문이다.

'블랙홀의 사건 지평선 안에는 실제로 어떤 것이 있을까'란 문제는 여전히 뜨거운 논쟁거리가 되고 있다. 블랙홀 내부를 이해하기 위해 끈이론, 양자 중력이론 등 현대 물리학의 거의 모든 이론들이 참여하고 있다.

블랙홀이 완전히 검지는 않다

기존의 고전역학에서 볼 때 빛까지도 블랙홀의 중력장에서 벗어날 수가 없다는 결론을 내렸지만, 양자역학*으로 오면 사정이 좀

* 원자, 분자 등 미시적인 물질세계를 설명하는 현대물리학의 기본 이론. 컴퓨터, TV 등 현대 문명의 근간이 되는 많은 발명품이 양자역학을 바탕으로 하고 있다.

달라진다. 블랙홀도 무언가를 조금씩 내놓을 수 있는 것으로 나오기 때문이다.

1970년대 영국의 물리학자 스티븐 호킹은 블랙홀이 양자요동 quantum fluctuation으로 인해 무언가를 내놓는다는 것을 보여주는 이론을 완성했다. 양자론에 따르면, 아무것도 없는 진공에서 난데없이 입자와 반입자로 이루어진 가상입자 한 쌍이 나타날 수 있으며, 이 한 쌍은 매우 짧은 시간 존재하다가 쌍소멸된다. 대부분의 상황에서 이들 입자 쌍은 관측하기 힘들 정도로 매우 빠르게 생겼다가 소멸하는데, 이를 양자요동 또는 진공요동이라 한다. 과학자들은 실제로 이 양자요동의 존재를 실험적으로 확인했다.

양자요동 가운데 하나가 블랙홀의 사건 지평선 근처에서 일어나면, 한 쌍의 입자가 사건 지평선 근처에서 생겨날 때 블랙홀의 강한 기조력 때문에 헤어지기 쉽다. 즉 두 입자 중 하나는 지평선을 가로질러 떨어지는 반면, 다른 하나는 밖으로 탈출하는 일이 발생할 수도 있다는 것이다. 탈출한 입자는 블랙홀에서 에너지를 가지고 나간 것이며, 이 과정이 반복적으로 일어나면 외부 관측자는 블랙홀에서 나오는 빛의 연속적인 흐름을 보게 된다.

호킹의 주장에 따르면, 이 같은 양자요동 효과 때문에 블랙홀이 빛을 방출한다. 이를 '블랙홀 증발'이라 하고, 이때 빠져나오는 빛을 '호킹 복사'라 한다. 그래서 호킹은 "블랙홀이 실제로는 완전히 검지 않다"는 말로 이 상황을 표현했다.

시간 앞에 영원한 것은 없다

호킹 복사가 일어날 경우 이 과정에서 블랙홀이 질량을 잃게 되므로, 흡수하는 질량보다 잃는 질량이 많은 블랙홀은 점점 줄어들다가 결국 증발되어 사라질 것으로 예상된다. 블랙홀은 작으면 작을수록 더 많은 열복사를 방출하는 것으로 알려져 있다.

블랙홀도 이렇게 빛을 방출하는 것으로 보인다. 그래서 가상입자 쌍을 분리해 그중 하나를 일반입자로 변화시킴으로써 자신의 질량을 서서히 잃어간다. 물론 이런 복사로 블랙홀 하나가 완전히 증발하는 데는 거의 영겁에 가까운 시간이 흘러야 할 것이다. 그래도 어쨌든 블랙홀도 불사는 아니란 사실이 중요하다. 블랙홀도 결국엔 죽는다.

어쨌든 이런 식으로 블랙홀도 해체될 수 있다는 것이 현재까지의 연구결과다. 그러나 해체되기까지는 엄청난 시간이 걸린다. 태양 질량만 한 블랙홀이 완전히 증발하는 데는 무려 10^{67}년이 걸린다. 우리 우주의 나이는 고작 10^{10}년 남짓 정도임을 비추어볼 때, 이렇게 어마어마하게 긴 시간 동안을 버틸 수 있는 물질이 현실세계에 존재한다는 것이 참으로 신기한 일이다. 만약 에펠탑을 블랙홀 방식대로 증발시킬 수 있다면 단 하루 만에 사라지고 말 것이다.

어쨌든 블랙홀도 죽음을 피할 수는 없다. 시간 앞에 영원한 것은 없다. 블랙홀의 증발 정도는 그 질량이 작을수록 빨라진다. 처음에는 천천히 증발하다가 오랜 시간이 지나면 질량이 감소하는 정도

21세기 최고의 우주론자로 꼽히는 스티븐 호킹. 루게릭 병을 앓아 평생을 휠체어에서 보냈다.

가 심해지고, 증발 속도는 점차 빨라진다. 그러다가 이윽고 소멸 단계에 이르면 거의 폭발하다시피 격렬한 증발로 소멸할 것으로 예측된다. 하지만 그것을 볼 수 있는 사람은 결코 없을 것이다.

뉴턴의 뒤를 이은 최고의 이론 물리학자로 꼽히던 호킹은 평생을 루게릭 병으로 고통받으면서도 우주의 비밀을 밝히는 데 헌신하다가 2018년 향년 76세로 우주로 떠났다. 미국 방송의 시트콤 〈빅뱅 이론〉의 제작진과 배우들을 비롯해, 세계 전역에서 애도 물결이 일었다. 한국의 문재인 대통령도 "스티븐 호킹 박사가 광활한 우주로 돌아갔습니다. 그는 시간과 우주에 대한 인류의 근원적인 물음에 대답해왔습니다"라며 고인의 업적을 기렸다.

한 과학자의 죽음에 이토록 많은 인류가 애도한 것은 1955년 아인슈타인의 타계 이후 처음이었다. 호킹은 생전에 우리나라도 두 차례 방문한 적이 있는데, 한 강연에서 "자신의 최고 업적은 30세까지밖에 못 산다는 의사의 말을 어기고 지금까지 살아 있는 것"이라고 농담하기도 했다.

2020년 노벨 물리학상은 이 블랙홀 연구에 주어졌다. 노벨 물리위원회는 "올해 수상자들의 발견은 초거대 압축물체(블랙홀) 연구에 새로운 지평을 연 것"을 평했다. 수상자 중 펜로즈 교수는 2018년 타계한 스티븐 호킹 박사와 함께 1965년에 '펜로즈-호킹 블랙홀 특이점 정리'를 발표함으로써 우주 곳곳에 블랙홀이 존재한다는 것을 증명하는 업적을 세웠다고 평가받은 것이다. 무려 55년 만이다. 만약 호킹이 살아 있었다면 공동수상했을 거라는 관측이 유력하다. 이런 점에 비추어 볼 때 노벨상 수상은 장수가 필수 조건임을 다시 한 번 증명한 셈이라 하겠다.

블랙홀도 과체중을 싫어한다

블랙홀이 주변 물질을 집어삼킬 때 나오는 에너지에 의해 형성되는 거대 발광체로서 퀘이사라는 것이 있다. 이를 우리말로는 '준성準星'이라고도 하며 지구에서 관측할 수 있는 가장 먼 거리에 있는 천체다.

퀘이사의 중심에는 태양 질량의 수십억 배나 되는 매우 무거

ⒸESO/M. Kornmesser

현재까지 발견된 퀘이사 중 가장 멀리 있는 ULAS J1120+0641의 상상도. 태양의 20억 배 질량의 블랙홀에게서 에너지를 얻어 빛난다.

운 블랙홀이 자리 잡고 있으며, 그 주위를 원반이 둘러싸고 있다. 원반의 물질은 회전하면서 블랙홀로 떨어질 때 물질의 중력 에너지가 빛 에너지로 바뀌면서 엄청난 빛이 나온다. 따라서 퀘이사는 아직 블랙홀의 사건 지평선 안으로 떨어지지 않은 것이다.

블랙홀은 이렇게 주변의 물질을 닥치는 대로 집어삼켜 몸집을 불려나간다. 지구와 당신이 만약 블랙홀 안으로 떨어진다면 역시 블랙홀의 비만에 일조하는 셈이다. 하지만 블랙홀이라고 무한정 몸집을 불릴 수만은 없다는 사실이 얼마 전에 밝혀졌다. 즉 한계체중이 있다는 뜻이다.

천문학자들의 계산서를 보면, 태양 질량의 500억 배까지 질량이 불어난 블랙홀은 더 이상 외부 물질들을 끌어들이지 않고 성장을 멈추는 것으로 나와 있다. 블랙홀도 과체중은 싫어한다. 우리은하의 총질량은 태양 질량의 약 3천억 배로 추산되고 있다. 따라서 블랙홀의 한계 질량은 우리은하 총질량의 6분의 1쯤 되는 셈이다.

블랙홀이 은하 중심에서 하는 역할은 은하 전체를 회전시키는 일이다. 블랙홀이 없으면 은하가 형성될 수 없다는 점을 생각하면, 우리 존재와 괴이한 블랙홀과의 관계도 참으로 밀접하다고 하겠다.

마침내 블랙홀 사진을 찍었다!

블랙홀의 존재를 놓고 오랫동안 벌어졌던 논쟁에 최종적인 마침표를 찍은 것은 블랙홀이 만든 중력파를 검출한 것이었다. 충돌하는 블랙홀이 만들어낸 중력파가 2016년 미국의 LIGO에 의해 검출되었다. 블랙홀의 존재가 직접적으로 드러난 것이라고는 할 수 없지만, 마침내 인류는 그 실체의 물증을 잡아내기에 이르렀다.

블랙홀이 존재한다는 사실이 알려진 후 1세기가 넘도록 모습을

©EHT Collaboration

지구 크기의 전파간섭계를 구성해 잡아낸 초대질량 블랙홀 M87의 모습. 중심의 검은 부분은 블랙홀(사건 지평선)과 블랙홀을 포함하는 그림자, 고리의 빛나는 부분은 블랙홀의 중력에 의해 휘어진 빛이다.

드러내지 않고 있던 우주의 괴물 블랙홀을 2019년 4월 최초로 우리 눈으로 직접 보는 데 성공했다. 이로써 빛마저 탈출할 수 없는 검은 구멍이 그 기괴한 정체를 서서히 드러낼 것으로 과학자들은 생각하고 있다.

블랙홀 촬영에 최초로 성공한 사람들은 미국 하버드 대학과 하버드-스미소니언 천체물리학 센터의 연구 팀으로, 한 타원은하 중심에 숨어 있는 블랙홀의 윤곽을 잡아냈다. 최초로 이미지를 잡아낸 이 블랙홀은 지구에서 5500만 광년 거리에 있는 처녀자리 은하단에 속한 M87이란 타원은하의 초대질량 블랙홀로, 태양 질량의 65억 배, 지름은 160억 km에 달하는 것이다.

어쨌든 빛마저도 탈출할 수 없는 블랙홀은 우리가 눈으로 볼 수도 없고 내부를 촬영하는 것도 불가능한데, 연구 팀은 어떻게 사진을 찍었을까? 연구진은 미국 애리조나, 스페인, 멕시코, 남극 대륙 등 세계 곳곳의 8개 전파 망원경을 연결해, 지구 규모의 가상 망원경을 만들어 총 9일간 M87 블랙홀의 어두운 실루엣을 추적해 사건 수평선을 이미지화했다.

이 과정에서 연구진은 M87 블랙홀의 그림자가 약 400억 km이며, 블랙홀의 크기(지름)는 그림자에 비해 약 40% 정도인 것으로 측정했다. 이 성과 덕으로 머지않아 블랙홀의 정체가 더욱 뚜렷이 밝혀질 것으로 과학자들은 생각하고 있다.

그러나 아직까지도 우리는 블랙홀에는 질량과 전하, 각운동량 외에는 아무 정보도 얻지 못하고 있다. 그래서 흔히들 "블랙홀에는 세 가닥 털밖에 없다"고 말한다.

이처럼 인류는 아직까지 블랙홀에 대해 아는 것보다 모르는 것이 더 많다. 따라서 블랙홀은 새로운 사실이 밝혀질 때마다 일반의 관심을 고조시키며 21세기 천문학과 물리학에서도 여전히 화두가 될 것으로 보인다.

내가 만약 블랙홀 안으로 떨어진다면?

스파게티가 된다고?

블랙홀에 관해서 사람들이 공통적으로 가장 궁금해하는 것은 '만약 내가 블랙홀 안으로 떨어진다면 어떻게 될까' 하는 문제다. 일견 무시무시한 상상이긴 하지만, 이 문제는 변함없이 사람들의 가장 큰 관심사다.

가장 널리 알려진 이론이 바로 '스파게티화spaghettification'다. 블랙홀 가까이 접근하자마자 모든 사물은 가락국수처럼 길게 늘어져버린다는 얘기다. 이유는 이렇다. 블랙홀의 가공스런 중력이 당신 몸의 각 부분에 작용하면서 그 힘의 차이로 인해 몸이 길게 늘어나기 때문이다.

지구에서는 중력의 크기가 당신의 지금 키만큼 유지되게 해주고 있는 정도지만, 블랙홀 안으로 떨어지면 사정은 좀 달라진다. 먼저 당신의 발이 블랙홀로 접근한다고 상상해보자. 그러면 블랙홀의 엄청난 조석력이 머리보다는 발쪽에 더 강하게 작용한다. 발끝과 머리에 가해지는 중력의 차이는 이윽고 지구의 총중력과 동일하게 된다. 이 상황에서는 마치 두 대의 크레인이 당신의 머리와 발을 잡고 힘껏 끌어당기는 형국이나 비슷하다.

인체는 정상적인 힘을 받을 때 부러지지 않는 한 그렇게 많이 늘어나지 않는다. 인간이 생존할 수 있는 최고 가속 기록은 지구 중력의 약 179배다. 그것도 아주 잠시, 충돌 때의 수치일 뿐이다. 따라서 블랙홀의 조석력은 인간에게 치명적이다. 블랙홀 안으로 떨어진 모든 물체는 블랙홀 중심에 이르기 전에 가락국수처럼 한정 없이 늘어지다가 마침내는 낱낱의 원자 단위로 분해되고 말 것이다. 이것이 바로 과학자들이 말하는 블랙홀의 '스파게티화'라고 불리는 현상이다.

만약 블랙홀이 지구 턱 밑에 불쑥 나타나 지구가 고스란히 블랙홀에 붙잡혀서 그 안으로 곤두박질친다면 그 다음에는 무슨 일이 벌어질까? 당연한 일이지만, 우리 몸이나 지구가 별로 차별대우를 받지 않는다. 즉각적으로 블랙홀의 강력한 조석력이 덤벼들어 공평한 스파게티 대접을 받게 된다. 블랙홀 쪽에 가까운 지구 부분은 상대적으로 더욱 강한 조석력을 받아 흙과 암석 스파게티가 될 것이고, 지구 행성 전체는 종말을 맞을 것이다. 사람은 더 말할 것도 없다.

초질량 블랙홀이 사건 지평선 안으로 우리를 끌어들여 삼키기 직전 잠깐 동안 나타날 광경을 우리는 볼 수 없을지도 모른다. 일단 사건 지평선 안으로 들어가면 빛알갱이 하나도 바깥으로 탈출할 수 없으니까, 어떤 존재도 지구나 인간의 운명을 지켜볼 수조차 없다. 외롭겠지만 인간과 지구는 스파게티가 되어 한정 없이 블랙홀의 중심, 특이점으로 떨어져 내릴 것이다. 그것을 멈출 수 있는 존재는 우주 어디에도 없다. 하지만 지구와 인간이 블랙홀 안에서 낱낱이 분해되기까지 걸리는 시간이 겨우 10분의 1초밖에 안 된다는 사실이 조금은 위안이 될 수 있을는지 모르겠다.

7강

알수록 신기한 '태양계' 동네

"인류는 광활한 우주공간에서
특별히 안락한 공간,
우주 특구에 살고 있다."

- **미치오 가쿠**(미국 물리학자)

지구는 이 순간에도 태양 둘레를 초속 30km로 돌고, 태양계는 우리은하 가장자리를 초속 200km로 순행한다. 또한 우주는 목하 빛의 속도로 끝없이 팽창하고 있다. 드넓은 우주공간을 수천억 은하들이 비산하고, 그 무수한 은하들 중에 한 조약돌인 우리은하 속에서, 태양계의 지구 행성 위에서 우리가 살고 있는 것이다. 따지고 보면 이 우주 속에서 원자 알갱이 하나도 잠시 제자리에 머무는 놈이 없는 셈이다. 이처럼 삼라만상의 모든 것들이 쉼 없이 움직이는 것이 이 대우주의 속성이다. 이를 일컬어 일체무상一切無常이라 한다.

세상을 바꾼 갈릴레오의 망원경

태양계를 가족에 비유한다면, 가장은 두말 할 것도 없이 태양이 되겠다. 태양을 가장으로 모시고, 그 자식들인 여덟 행성과 손자격인 수많은 위성들, 그리고 헤아릴 수조차 없이 많은 소행성들을 식구로 거느린 집안이다. 이 정도면 대가족이라 할 수 있겠다.

몇백 년 전만 해도 인류는 태양계가 이처럼 대가족인 줄은 몰랐다. 영국의 윌리엄 허셜이 천왕성을 발견한 게 1781년이었으니까, 그 전까지만 해도 사람들은 태양계가 수성에서 토성까지 여섯 행성만 가진 단출한 가족인 줄 알았다.

사실 태양계라는 개념이 생겨난 것도 그리 오래된 일이 아니다. 인류가 태양계의 존재를 인식하기 시작한 것은 16세기에 들어서였다. 그 전에는 인류 문명 수천 년 동안 태양계라는 개념 자체가 싹트지도 않았다는 얘기다. 사람들은 천동설을 굳게 믿는 가운데 지구가 우주의 중심에 부동자세로 있으며, 하늘에서 움직이는 천체와는 전혀 다른 존재라고 믿었다.

기원전 3세기, 고대 그리스의 천문학자 아리스타르코스(BC 310~230)가 맨 처음 지동설을 주창했지만, 1700년 동안이나 잊혔다가 16세기에 와서야 코페르니쿠스가 다시 지동설을 들고 나왔다. 그 후 케플러와 갈릴레오, 뉴턴을 거치면서 지구를 비롯한 행성들이 태양 주위를 돈다는 지동설과 함께 태양계 개념이 자리 잡기 시작했다.

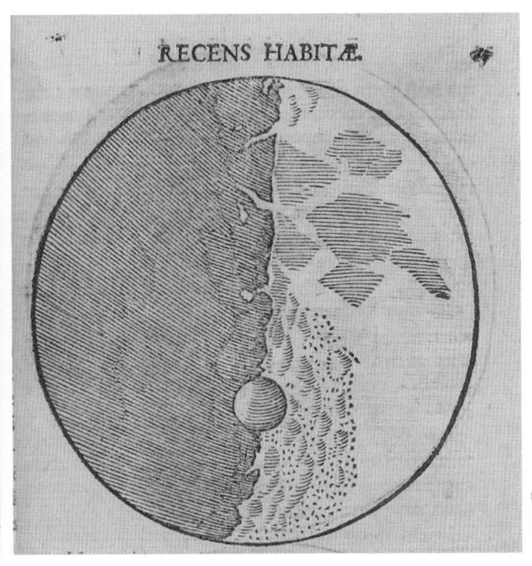

갈릴레오와 그가 그린 달 스케치.

오랜 시간 동안 인류의 머리를 옥죄었던 천동설의 관에 마지막 대못을 박은 사람은 이탈리아의 과학자 갈릴레오 갈릴레이(1564~1642)다. 지금으로부터 400년 전인 1609년 어느 가을밤, 갈릴레오는 자신이 직접 만든 망원경을 밤하늘의 달로 겨누었다. 이때야말로 우주가 처음으로 인류에게 그 문을 활짝 열어젖혔던 역사적인 순간이라 할 수 있다.

망원경을 통해 달의 모습을 본 순간, 갈릴레오는 경악했다. 그때까지 완전한 구球로 알고 있었던 달이 사실은 수많은 곰보자국이나 있을 뿐만 아니라, 지구와 같이 산과 계곡을 가진 천체가 아닌가! 천상의 세계는 지상의 세계와 다른 물질로 되어 있다고 주장하던

갈릴레오가 베네치아 총독 레오나르도 도나토와 의원들 앞에서 망원경에 대한 설명을 하고 있는 모습. 1754년 H. J. 드투슈가 그림.

천동설이 완벽하게 잘못된 것임이 밝혀진 순간이었다.

갈릴레오가 지동설의 결정적 증거를 찾아낸 것은 이듬해 있었던 목성 관측에서였다. 1610년 1월, 갈릴레오는 목성 근처에서 별 4개를 관측했는데 이들 별이 제각기 위치를 바꾸는 것을 보았다. 그 순간 그는 이 4개의 별들이 목성을 모성으로 하여 도는 위성들이라는 사실을 깨달았다. 지구만 달을 갖고 있었던 게 아니었던 것이다.

이것은 엄청난 발견이었다. 왜냐하면 천동설에서는 모든 천체는 오로지 지구 주위만을 공전한다고 주장하기 때문이다. 갈릴레오가 발견한 목성의 네 위성(후에 갈릴레오 위성이라 불린다)은 말하자면 '작은 태양계' 모형으로, 이론적으로만 알려져 있던 지동설의 모형이 실제로 하늘에 존재하고 있었던 것이다. 이로써 수천 년간 대세를 이루던 고대 그리스의 천동설 천문학은 막을 내리고, 태양 중심의 새로운 우주관이 등장하게 되었다.

그래도 지구는 돈다

하지만 갈릴레오는 이 사실을 곧바로 발표하지 않았다. 드러내놓고 지동설을 주장하는 것이 얼마나 위험한 일인지 너무나 잘 알고 있었기 때문이다. 코페르니쿠스의 지동설을 열렬히 지지했던 조르다노 브루노*가 종교재판 끝에 화형당한 것이 불과 10년 전의 일이었다.

하지만 학자가 자기 업적을 발표하지 않고 끝까지 입을 다무는 것은 기자가 특종을 포기하는 것보다 어려운 법이다. 갈릴레오는 마침내 1632년 2월 『두 주요 우주 체계에 대한 대화』라는 책을 펴내

* 이탈리아의 철학자(1548~1600). 우주의 무한성과 지동설을 주장하다가 이단으로 몰려 화형을 당했다.

종교재판을 받는 갈릴레오. 1857년 이탈리아 화가 크리스티아노 반티 그림.

자기 생각을 밝혔다. 그것도 라틴어가 아닌 이탈리아어로 출판해 많은 대중이 읽을 수 있도록 했다.

그 결과 책은 큰 성공을 거두었지만 갈릴레오의 여생은 그렇지 못했다. 반년도 못되어 책은 교회의 금서목록에 올랐고, 갈릴레오는 로마의 종교 재판소에 불려갔다. 70세의 늘그막에 접어든 갈릴레오는 고문 기계를 보여주며 위협하는 심문관 앞에 꿇어앉아 '철학적으로 어리석고, 신학적으로 이단적인 지동설'을 스스로 철회할 것이며, 이후 그러한 주장을 하지도 않고 가르치지도 않겠다고 선서

할 수밖에 없었다. 그러고도 그는 종신형을 받고 자기 집에 갇혔다.

전설에 따르면 갈릴레오가 재판정을 나서면서 "그래도 지구는 돈다"라고 중얼거렸다는데, 이는 사실이 아니라 누군가 꾸며낸 말이다. 하지만 '전설'은 언제나 그렇듯이 세상 사람들의 '바람'을 담고 있는 법이다.

참고로 '지구가 자전한다면 하늘로 던진 물체가 왜 수직으로 떨어지는가'라는 문제에 대해 최초로 정확한 답을 한 사람도 갈릴레오였다. 선창을 커튼으로 다 가린 배를 타고 등속으로 달린다면, 우리는 배가 달리는지 서 있는지 알 방법이 없다. 그런 배에서는 물건을 떨어뜨려도 수직으로 떨어진다. 모든 물리 법칙은 움직이는 배에서나, 날아가는 비행기에서나, 땅 위에서나 똑같이 통한다. 우리가 초속 30km로 달리는 지구에서 살고 있지만, 그 속도를 전혀 못 느끼는 것도 이런 이유 때문이다. 이것을 '갈릴레오의 상대성 원리'라 한다. 이제 여러분이 달리는 전철 안에서 먹던 아이스크림을 떨어뜨리더라도, 옆 사람 무릎이 아니라 자기 무릎 위에 떨어지는 이유를 알 수 있을 것이다.

갈릴레오가 천동설을 깨뜨린 이후의 세상은 크게 달라졌다. 비로소 인류는 근대과학의 문을 열고 참다운 과학과 새로운 문화를 만들어가기 시작한 것이다. 진리를 밝히기 위해 갈릴레오 자신은 숱한 핍박을 받고 고통을 당했지만, 인류의 머릿속에서 천동설의 굴레를 벗겨준 과학자로 역사에 길이 남게 되었다. 그는 자신이 진리에 이를 수 있었던 것에 대해 이런 말을 남겼다.

“철학은 우주라는 드넓은 책에 써졌다. 그것은 수학의 언어로 써졌으며, 그것의 문자는 삼각형, 동그라미와 그 밖의 기하학적 수치들이다.”

이것이 바로 우리가 수학에 더욱 관심을 갖고 열심히 공부해야 하는 이유이기도 하다.

태양은 아침에 뜨는 별이다

우리 지구가 속해 있는 태양계는 우리은하 전체 크기에 비하면 눈썹 길이밖에 안 되지만, 그래도 초속 17km인 보이저 1호가 태양계를 벗어나 별들 사이의 우주공간으로 진출하는 데까지 무려 40년이 걸렸다.

이 거리는 지구-태양 간 거리의 130배인 200억 km로, 초속 30만 km의 빛이 하루를 꼬박 달려야 닿는 거리다. 그렇다면 시속 900km로 나는 여객기로는 얼마나 걸릴까? 자그마치 1400년을 날아가야 한다. 인간의 기준으로는 태양계만 해도 어마무시하게 넓은 공간인 것이다.

태양계는 중앙에 자리한 태양이 주위를 도는 8개 행성과 170여 개 위성, 수천억 개 소행성들을 중력으로 묶어두고 있는 동네다. 그 중 가장인 태양은 사실 우리은하의 4천억 개 별 중 중간치 크기 정도의 평범한 별이다. 그래서 『월든』을 쓴 미국의 데이비드 소로*는 "태양은 아침에 뜨는 별이다"라고 말했다.

화성과 목성 사이에 있는 소행성대의 천체 무리는 대부분 지구형 행성과 비슷한 성분을 지니고 있는데, 이들은 태양계 생성 초기 목성의 중력 때문에 서로 뭉치지 못해 행성이 되는 데 실패한 존재로 여겨진다. 이들 소행성의 크기는 티끌 정도에서 수백 km 크기까지 다양하다.

태양계의 기원을 밝힌 철학자

그렇다면 이 태양계는 언제, 어떻게 만들어졌을까? 물론 지구에 사는 어느 누구도 그것을 직접 본 사람은 없다. 그러나 18세기에 깊은 사색 끝에 태양계의 형성에 대한 놀라운 이론을 들고 나온 사람이 있었다. 그것도 천문학자가 아닌 철학자였다.

독일 철학자 임마누엘 칸트(1724~1804)의 박사학위 논문이 철학이 아니라 천문학 이론임을 아는 사람은 그리 많지 않은 것 같다. 1755년에 발표된 칸트의 학위 논문은 제목부터가 〈일반 자연사와 천체 이론〉이다. 우리 태양계의 생성에 관한 학설로, 흔히 '성운설'

* 미국의 자연주의 작가이자 사상가(1817~1862). 그의 사상은 우리나라의 법정스님과 러시아의 작가 레프 톨스토이, 인도의 국부 마하트마 간디, 미국의 마틴 루터 킹 목사를 비롯한 많은 이들에게 영향을 주었다.

이라고 불리는 것이다. 현대 천문학 교과서에도 '칸트의 성운설'로 당당하게 자리 잡고 있다.

칸트의 성운설에 따르면, 원시 태양계는 지름이 몇 광년이나 되는 거대한 원시 구름인 가스 성운이 그 기원이다. 천천히 자전하던 이 원시 구름은 점점 식어가면서 중력에 의해 중심 쪽으로 낙하하기 시작한다. 그와 동시에 수축이 이루어져 회전이 빨라지고, 마침내 그 중심에 태양이 탄생하고 주변에는 여러 행성들이 만들어졌다. 행성들이 자전하면서 거기에서 떨어져 나온 것들이 바로 위성이다.

칸트의 성운설은 행성들이 같은 평면 위에서 움직인다는 점, 행성들의 공전 방향과 태양의 자전 방향이 같다는 점 등을 잘 설명할 수 있어 최초의 과학적인 태양계 기원설로 받아들여졌다.

놀라운 예지력으로 태양계의 형성을 추론한 칸트는 평생 독신으로 살다가 1804년 2월 12일 새벽, 늙은 하인이 건넨 포도주 한 잔을 마시고는 "그것으로 좋다"라는 말을 마지막으로 남기고 80년간의 삶을 마무리했다. 그 시대의 어느 누구보다 우주를 깊이 사색했던 칸트의 묘비에는 우주와 인간을 아우르는 내용의 아름다운 문장이 새겨졌다.

> "생각하면 할수록 내 마음을 늘 새로운 놀라움과 경외심으로 가득 채우는 것이 2가지 있다. 하나는 내 위에 있는 별이 빛나는 하늘이요, 다른 하나는 내 속에 있는 도덕률이다."

인류 탄생에 걸린 시간은 138억 년

칸트의 성운설을 물려받은 현대과학이 이를 수정·보충해 지금까지 밝혀낸 태양계의 생성 과정을 간략하고 명쾌하게 정리하면 다음과 같다.

까마득한 옛날, 대략 46억 년 전 은하계의 한 나선팔에서 지름 1광년, 즉 10조 km의 거대한 원시 수소 구름이 부근의 초신성 폭발로 중력수축을 시작해 태양계의 모체가 된 태양 성운이 생겨났다. 수축을 계속할수록 각운동량보존법칙* 으로 태양 성운의 크기가 작아지는 대신 회전 속도는 점점 빨라졌다. 또한 원반이 빠르게 회전할수록 성운은 점점 평평해진다. 피자 반죽을 빠르게 돌리면 두께가 점점 얇아지는 것과 같은 이치다.

이렇게 만들어진 원시 행성계의 원반 성운은 계속 밀도가 높아진 끝에 이윽고 중심 온도가 핵융합이 가능한 고온까지 도달해 빛을 내뿜는 태양이 탄생하기에 이른다. 그리고 이 원시 태양의 주위를 도는 남은 물질들로 평평한 원시 태양계 원반이 만들어진다.

이 원반 안에서 뭉쳐진 분자 구름은 밀도가 높아짐에 따라 수많은 먼지와 얼음조각, 이산화탄소, 암모니아, 메탄 등과 함께 섞여서 큰 입자들을 만들게 되고, 또 이들 입자가 뭉쳐져서 미행성이 만

* 회전 운동하는 물체의 운동량을 각운동량이라 한다. 외부로부터 힘이 작용하지 않는다면 계 내부의 전체 각운동량이 항상 일정한 값으로 보존된다는 법칙이다.

©NASA / FUSE / Lynette Cook

칸트와 성운설. 아주 젊은 주계열성 화가자리 베타 별 주변에서 외계혜성 및 미행성과 행성이 생겨나는 모습을 표현한 상상화.

들어진다. 다시 미행성은 중력으로 서로를 끌어당겨 충돌함으로써 빠르게 덩치를 키워나가, 이윽고 원시 행성으로 발전한다. 그리고 나머지는 위성과 소행성, 그 밖의 소천체 등을 만들었다는 것이다.

그런데 별이나 행성이나 소행성 등이 하나같이 공처럼 둥근 이유는 무엇일까? 바로 중력 때문이다. 중력은 물체의 중심에서 작용하기 때문에 천체의 높은 부분을 아래로 끌어당겨 이윽고 자기 몸을 둥그런 공처럼 만든다. 단, 지름이 700km는 넘어야 중력이 제 몸을 마구 주물러 그렇게 될 수 있다. 크기가 작은 소행성 등이 감자처럼 울퉁불퉁한 것은 덩치가 너무 작아 중력이 약한 탓이다.

태양계가 만들어지던 초기는 얼음 덩어리, 미행성, 소행성, 원시 행성들이 사방으로 날아다니며 서로 부딪치는 북새통이었다. 지구나 금성, 수성, 달 등에 그 시대의 증거가 남아 있다. 바로 수많은 운석 구덩이들이 그것이다. 지구는 비바람의 영향으로 거의 메워져 버렸지만, 대기가 없는 달이나 수성 등에는 그 흔적이 그대로 남아 있다.

초창기의 태양계에는 행성이 20개나 되었다고 한다. 이 많은 행성들이 시간이 지남에 따라 서로 뭉쳐지기도 하고 깨지기도 해, 지금의 여덟 행성으로 정리된 것이다. 이 8개의 행성 중 지구에서는 생명체가 발생했고, 이윽고 지성을 가진 인류가 출현하기에 이르렀다.

46억 년 전, 이런 혼란과 격동을 겪으면서 태어난 태양계에서, 그 중의 한 행성에서 지금 여러분이 살고 있는 것이다. 그러니까 우리가 태어나 지금 살기까지에 소요된 시간이 바로 우주의 역사 138억 년이라 할 수 있다. 138억 년을 1년이라 친다면, 인류가 나타난 시간은 12월 31일 23시 54분이다.

행성 이름들은 어떻게 지어졌을까?

예로부터 인류와 가장 가까운 천체는 해와 달을 비롯, 수성·금성·화성·목성·토성이었다. 옛사람들은 밤하늘이 통째로 바뀌더라도 별들 사이의 상대적인 거리는 변하지 않는다는 사실을 알았다. 그래서 별은 영원을 상징하는 존재로 인류에게 각인되었다.

서양에서는 플라톤 시대 이후부터 달을 포함해 이들 행성은 지구에서 가까운 쪽부터 달, 수성, 금성, 태양, 화성, 목성, 토성이 차례로 늘어서 있다고 생각했다. 하지만 앞서 말한 5개 별들은 일정한 자리를 지키지 못하고 별들 사이를 유랑하는 것을 보고 떠돌이별, 곧 행성이라 불렀다.

그러나 엄밀히 말하면 행성은 별이 아니다. 별은 보통 붙박이별, 곧 스스로 빛을 내는 항성을 일컫는다. 하지만 때로는 행성을 별이라고 하기도 한다. 금성을 샛별, 지구를 초록별이라고도 하듯이.

그런데 이 행성을 아직까지 혹성惑星이라고 부르는 책이나 사람들이 있는데, 그렇게 불러선 절대 안 된다. 이는 일본말이기 때문이다. 영화 〈혹성 탈출〉도 잘못된 제목이다. 일본 것을 그대로 보고 베껴서 그렇다. 행성을 영어로는 플래닛planet이라 하는데, '떠돌이'라는 뜻을 가진 그리스어 '플라네타이planetai에서 온 것이다. 그러니 떠돌이별, '행성行星'이란 말이 더 아름답고 맞는 말이다.

이런 얘길 하니 갑자기 운수납자雲水衲子라는 말이 생각난다. 구름 가듯 물 흐르듯 떠돌아다니면서 수행하는 스님을 일컫는 아름다운 말이다. 화성이나 천왕성 같은 행성이 마치 그런 운수납자처럼 느껴진다.

서양에서 부르는 태양계 행성 이름들은 거의 로마 신화에서 따온 것이다. 물론 이 밝은 행성들은 눈에 띄었기 때문에 고대로부터 문명권마다 다른 이름들을 가지고 있었지만, 로마 시대에 지어진 이름들이 대세를 차지해 오늘에 이르고 있다.

예컨대, 빠른 속도로 태양 둘레를 도는 수성은 로마 신들 중 메신저 역할을 했던 날개 날린 머큐리Mercury에서 따왔고, 새벽이나 초저녁 하늘에서 아름답게 빛나는 금성에는 미와 사랑의 여신인 비너스Venus 이름을 갖다 붙였다.

화성에 마스Mars라는 이름이 붙은 것은 그리 놀랄 일이 아니다. 화성 표면이 산화철로 인해 붉게 보이기 때문에 로마의 전쟁신 마스의 이름을 따온 것이다.

태양계 행성 중 최대 크기를 자랑하는 목성에 신들의 왕 주피터Jupiter를 갖다 붙인 것도 그럴 듯하다. 토성은 주피터의 아버지인 농업의 신 새턴Saturn에서 따왔는데, 토성에 고리가 있다는 것은 오래전부터 알려진 사실이었다. 지구를 뜻하는 어스Earth만은 예외였는데, 그리스-로마 시대 이전부터 행성이란 사실을 몰랐기 때문에 붙여진 이름이다.

여기서 알 수 있듯이 토성까지는 우리 이름이지만 천왕성부터는 영어 이름을 그대로 번역했다. 천왕성부터는 망원경이 발달한 서양에서 먼저 발견해 자기네 식으로 이름을 붙였고, 동양에선 그 이름을 그대로 번역해 사용하고 있기 때문이다.

우리나라의 경우, 천왕성·해왕성·명왕성의 이름들은 일본을 거쳐 들어왔다. 서양에 가장 먼저 문호를 개방한 일본은 서양 천문학을 받아들이면서 이 세 행성의 이름을 자국어로 옮길 때 우라누스가 하늘의 신이므로 천왕天王, 포세이돈이 바다의 신이므로 해왕海王, 플루토가 명계冥界의 신이므로 명왕冥王이라는 한자 이름을 만들어 붙였고, 한국에서는 이를 그대로 받아들여 오늘날까지 사용하게 된 것이다.

중국과 극동 지역 역시 드넓은 밤하늘에서 수많은 별들 사이를 움직여 다니는 이 다섯 별들이 잘 알려져 있었다. 고대 동양인은 이 별들에게 음양오행설과 풍수설에 따라 '화(불), 수(물), 목(나무), 금(쇠), 토(흙)'라는 특성을 각각 부여했고, 여기에 별을 뜻하는 한자 '별 성星'자가 뒤에 붙여져 '화성, 수성, 목성, 금성, 토성'이라는 이름을 얻게 되었다. 여기서도 지구는 역시 행성이 아닌 것으로 취급되어 '흙의 공'이라는 뜻인 '지구地球'란 이름을 얻게 되었다. 오늘날 우리가 쓰고 있는 요일 이름인 일·월·화·수·목·금·토는 사실 천동설에 그 뿌리를 내리고 있다는 것을 알 수 있다.

가장 많은 천문학자를 '배출'한 토성

태양계가 어떻게 태어나게 되었나에 대해 알아봤으니, 이젠 우리 태양계가 어떤 모습을 하고 있는지 한번 둘러볼 때다.

우선 '수금지화목토천해'로 일컬어지는 행성 8형제부터 간략하게 짚어보도록 하자. 태양을 뺀 나머지 질량의 98% 이상을 차지하는 이 행성 8형제는 두 종류로 나뉘는데, 수성·금성·지구·화성을 묶어 '바위형(지구형) 행성'이라 하고, 목성·토성·천왕성·해왕성을 '가스형(목성형) 행성'이라 한다.

바위형 행성은 대체로 지구와 비슷한 크기와 질량을 가지며 밀도가 높은 반면, 가스형 행성은 질량이 지구의 15~318배에 이르지만 밀도는 지구형 행성의 20%에 지나지 않는다. 특히 토성은 비중이 0.7로, 물에 담근다면 둥둥 뜰 정도다. 특이한 점은 목성형 행성들은 모두 고리를 가지고 있다는 사실이다.

토성의 고리는 특히 아름다워서 별지기들은 토성을 처음 본 순간을 결코 잊지 못한다고 한다. 솥단지 같기도 하고 팽이 같기도 한 것이 밤하늘에 둥실 떠 있는 광경을 실제로 접하면 그 충격과 감동은 비길 데 없이 크다. 그래서 별지기 동네에는 "첫 애인 얼굴은 잊어도 첫 토성 모습은 못 잊는다"라는 말까지 있다. 심지어 토성을 망원경으로 처음 보고는 천문학자가 되기로 결심한 사람들도 적지 않다. 그래서 "토성이 가장 많은 천문학자를 배출한 대학"이라는 우스갯소리도 있다.

위에서 본 아름다운 토성의 고리들. 1천 개 이상의 가는 고리들이 만들고 있는 모습. 고리 지름은 거의 지구에서 달까지 거리인 30만 km다.

토성 탐사선 카시니가 2008년에 찍은 토성의 모습. 아름다운 고리를 두르고 있다.

그럼 이들 행성은 어떻게 태양 둘레를 돌고 있을까? 8개의 행성은 대체로 궤도평면인 황도면을 따라 태양을 공전하는데, 짧게는 88일(수성), 가장 길게는 165년(해왕성)을 주기로 공전하고 있다. 그 궤도는 가장 안쪽에 있는 수성을 제외하곤 몇 도 내로 하나의 평면상에 있는데, 거의 완전한 원에 가깝다.

태양에 가까운 행성일수록 공전 속도가 빠르다. 수성의 공전속도가 초속 48km인 데 비해 지구는 초속 30km, 가장 바깥을 도는 해왕성은 초속 5km밖에 안 된다. 거리가 멀어질수록 그만큼 태양의 중력이 약해진다는 뜻이다.

그래서 수성의 공전주기가 약 3달인 데 비해, 지구는 1년, 목성은 13년, 토성은 한 세대인 30년, 천왕성은 사람 일생과 맞먹는 84년, 가장 바깥을 도는 해왕성은 164년이나 걸린다. 해왕성이 발견된 것이 1846년이니까, 발견 1주기가 조금 넘은 셈이다. 어쨌든 1주기 전 해왕성을 지구 행성 위에서 보았던 사람 중 지금 살아 있는 사람은 한 명도 없다는 얘기다.

이들 행성운동에 관한 법칙은 17세기 '천문학의 고행자'라 할 수 있는 독일 천문학자 요하네스 케플러*가 평생을 바친 노력 끝에 알아낸 케플러의 행성운동 3대 법칙으로 완전히 밝혀졌다. 인류는 케플러의 고난 덕분에 우주의 이정표를 얻게 된 것이다.

* 독일의 천문학자(1571~1630). 행성의 궤도 모양이 원일 것이라는 기존의 학설을 뒤엎고 타원임을 발견하고, 케플러의 행성운동 3대 법칙(타원 궤도의 법칙, 면적속도의 법칙, 주기의 법칙)을 발견했다.

망원경 발명 후에 발견된 행성들

지구가 행성으로 완전히 결론난 것은 17세기 초 망원경이 발명되면서, 수천 년 동안 인류의 머리를 옥죄어온 천동설의 굴레가 벗겨지고 지동설이 확립된 이후의 일이다.

토성까지 울타리 쳐진 이 아담한 태양계가 우주의 전부인 줄 알고 인류가 나름 평온하게 살았던 시간은 200년이 채 안 된다. 인류의 이 평온한 꿈을 단숨에 깨뜨린 사람은 탈영병 출신의 음악가였다. 유럽에서 터진 7년 전쟁에 싸우다가 영국으로 도망친 독일 출신의 윌리엄 허셜이라는 오르간 연주자였다. 연주로 밥벌이하는 틈틈이 손수 만든 망원경으로 밤하늘을 열심히 쳐다보다가 그만 대박을 터뜨린 건데, 바로 1781년 천왕성을 발견한 것이다.

그 행성은 토성 궤도의 거의 2배나 되는 아득한 변두리를 돌고 있었다. 그 전까지만 해도 사람들은 토성 바깥으로 행성이 더 있으리라고는 상상조차 하지 못했다.

천왕성의 발견이 당시 사회에 던진 충격파는 신대륙 발견 이상으로 엄청나게 컸다. 인류가 수천 년 동안 믿어온 아담하던 태양계의 크기가 갑자기 2배로 확장되는 바람에 세상 사람들은 잠시 어리둥절할 수밖에 없었다.

하지만 그게 끝이 아니라 제2탄이 또 있었다. 그로부터 반세기 남짓 만인 1846년에 영국의 애덤스와 프랑스의 르베리에에 의해 해왕성이 발견된 것이다. 그런데 이 발견은 망원경으로 한 것이 아니

©Lawrence Sromovsky, University of Wisconsin-Madison / WW Keck Observatory / NASA

아름다운 코발트빛의 천왕성. 원시행성 때 거대 충돌의 영향으로 공전면에 대해 거의 누운 자세로 공전한다.

©NASA / JPL

보이저 2호가 찍은 해왕성. 종이로 발견한 행성이다.

었다. 천왕성의 움직임에 이상한 변화가 있다는 것을 안 두 사람이 천왕성 바깥으로 또 다른 행성이 있다고 생각하고 뉴턴 역학에 따라 질량과 궤도를 계산해본 결과, 해왕성을 발견하게 된 것이다. 그래서 해왕성은 '종이로 발견한 행성' '뉴턴 역학의 위대한 승리'라는 화제를 낳았다.

해왕성의 이름 넵튠Neptune은 바다의 신 넵투누스Neptunus의 이름에서 따온 것이다. 해왕성에서 청록색 빛이 났기 때문에 바다를 상징하는 이름이 지어진 것으로 보인다. 지금도 해왕성은 '청록색의 진주'라는 별칭을 가지고 있다.

태양계에서 태양이 차지하는 비중은 99.86%

태양계를 한번 둘러보면, 이 동네에서 가장 중요한 존재는 지구도 아니고 인간도 아니라는 사실을 알 수 있다. 오늘도 하늘에서 빛나는 저 태양이야말로 태양계의 지존이다.

무엇보다 태양계 모든 천체들이 가진 전체 질량 중에서 태양이 차지하는 비율이 얼마나 되는지 아는가? 무려 99.86%다. 나머지는 고작 0.14%다. 놀랍지 않은가?

여덟 행성과 수많은 위성, 수천억 개에 이르는 소행성, 미행성, 성간물질 등 태양 외 천체의 모든 질량을 합해봤자 0.14%에 지나지 않는다. 더욱이 그 부스러기 중에서 목성과 토성이 또 90%를 차지한다는 점을 생각하면, 우리 70억 인류가 아웅다웅 붙어사는 지구는 태양계라는 큼직한 곰보빵에 붙어 있는 부스러기 하나인 셈이다. 이것이 바로 태양의 실체이고, 태양계라는 우리 동네의 놀라운 실제 상황이다.

그런데 태양에는 이보다 더 중요한 점이 있다. 바로 태양계에서 유일하게 스스로 빛을 내는 존재, 즉 항성이라는 특권이다. 빛을 낸다는 것은 무슨 뜻일까? 유일한 에너지원, 유일하게 에너지를 생산하는 물주라는 뜻이다.

어느 모로 보든 태양은 태양계의 절대 지존이시다. 만일 태양이 빛을 내지 않는다면 이 넓은 태양계 안에 인간은커녕 바이러스 한 마리 살 수 없을 것이다. 지구에 존재하는 거의 모든 에너지, 곧 수력, 풍력까지 태양으로부터 나오지 않는 것이 없다. 고로 태양은 모든 살아 있는 것들의 어머니다.

신비로운 태양계의 실제 움직임

우리가 아무런 감동도 없이 버젓이 살고 있는 태양계란 동네가 알고 보니 이처럼 놀라운 곳이라는 사실을 알게 되면 매일 보던 태양이 조금 달리 보이기도 한다. '아, 저 태양이 1억 5천만 km나 떨어진 곳에서 빛나는데도 이렇게 따뜻하구나. 저 태양 하나에 기대어 내가, 그리고 인류가, 다른 모든 생명들이 삶을 꾸려가고 있구나.'

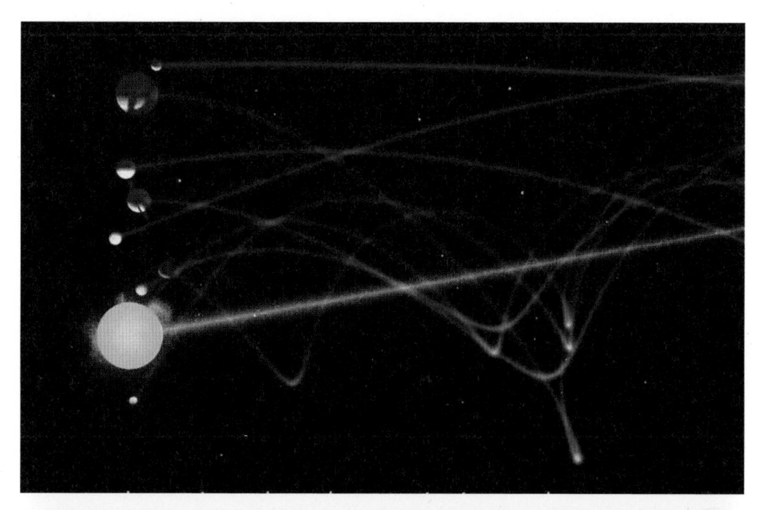

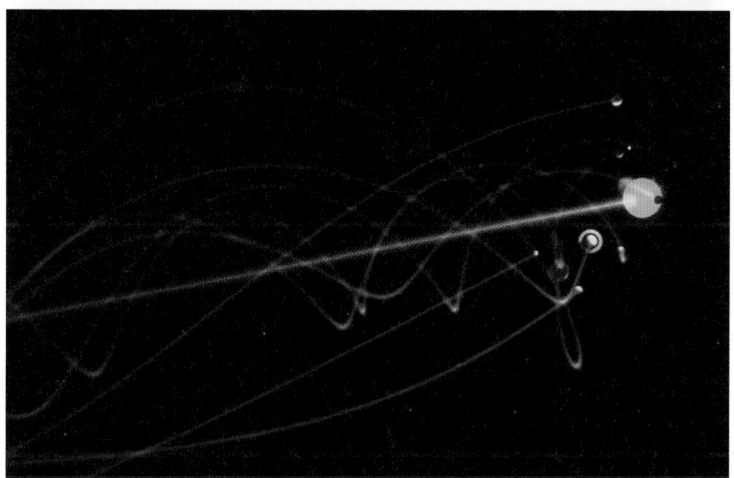

태양계의 실제 움직임. 태양은 지구를 비롯한 행성들을 데리고 지금 이 순간에도 초속 220km라는 엄청난 속도로 우리은하 둘레를 달리고 있다(출처: Djsadhu 유튜브 동영상 캡처).

태양계의 실제 움직임을 동영상으로 보고 싶다면 QR코드를 찍어보세요.

이렇게 생각하면 참으로 나 자신이 우주의 한 부분이라는 실감이 뭉클 난다.

그런데 이런 사실들보다 더 놀라운 사실이 또 있다. 우리가 지금 이 순간에도 자신도 모른 채 무서운 속도로 우주 속을 내달리고 있다는 사실이다. 지금 여러분은 강제로 1초에 350m 공간이동을 당하고 있는 중이다. 지구의 자전운동 때문이다. 지구가 24시간에 한 바퀴 도니까, 지구 둘레 4만 km를 달리는 셈이다. 적도 지방에 사는 사람이라면 1초에 500m씩, 북위 38도쯤에 사는 우리는 350m씩 이동당하는 것이다. 이는 음속을 넘는 수치로, 시속 1,300km나 되는 맹렬한 속도다.

그런데 이것은 단지 시작에 불과하다. 2단계로, 지구는 지금 이 순간에도 여러분을 싣고 태양 둘레를 쉼 없이 달리고 있는 중이다. 그러니까 지구가 반지름 1억 5천만 km인 원둘레를 1년에 한 바퀴 도는 셈인데, 그 속도가 무려 초속 30km다.

그런데도 우리는 왜 못 느낄까? 우리가 지구라는 우주선을 타고 같이 움직이고 있기 때문이다. 갈릴레오의 상대성 이론이다.

3단계가 또 있다. 우리 태양계 자체가 은하핵을 중심으로 초속 220km로 돌고 있다. 이처럼 맹렬한 속도로 달리더라도 은하를 한 바퀴 도는 데 무려 2억 3천만 년이나 걸린다. 태양이 은하를 한 바퀴 도는 데 걸리는 시간을 1은하년이라 하는데, 태양의 은하년 나이는 20세쯤 된다. 앞으로 그만큼 나이를 더 먹으면 태양도 삶을 마치게 된다.

어쨌든 이 정도만 해도 멀미가 날 것 같은데, 문제는 아직 끝이 아니라는 거다. 우리은하 역시 맹렬한 속도로 우주공간을 내달리고 있는 중이다. 우리은하는 안드로메다은하, 마젤란은하 등 약 50여 개의 은하들로 이루어져 있는 국부 은하군에 속해 있는데, 지금 이 국부 은하군 전체가 처녀자리 은하단의 중력에 이끌려 무려 초속 600km로 바다뱀자리 쪽으로 달려가고 있는 중이다.

마지막으로 결정적으로 하나 더! 우주공간은 지금 이 순간에도 빛의 속도로 끝없이 팽창하고 있다. 드넓은 우주공간을 수천억 은하들이 비산하고, 그 무수한 은하들 중에 한 조약돌인 우리은하 속에서, 태양계의 지구 행성 위에서 우리가 살고 있는 것이다.

따지고 보면 이 우주 속에서 원자 알갱이 하나도 잠시 제자리에 머무는 놈이 없는 셈이다. 이처럼 삼라만상의 모든 것들이 쉼 없이 움직이는 것이 바로 이 대우주의 속성이다. 이를 일컬어 일체무상一切無常이라 한다.

여러분은 지금 이 순간에도 우주의 일체무상 속에 몸을 담그고 있는 것이다. 이것은 소설이나 공상이 아니라 100% 실화다. 이 정도면 어질어질한가? 하지만 우주는 너무나 조화로워, 우리는 이 모든 크나큰 움직임 속에서도 보호받으며 이렇게 평온 속에 살아가고 있다. 이것이 바로 기적이 아니고 무엇일까?

고졸 별지기와 행성반에서 낙제한 명왕성

죽어서 명왕성을 본 톰보

'수금지화목토천해명'으로 일컬어지던 행성 9형제가 2006년, 막내인 명왕성이 왜소행성으로 강등되어 행성반에서 쫓겨나 8형제로 줄어들었다.

명왕성이 발견된 지 100년도 안 되어 행성에서 탈락한 것은 순전히 명왕성보다 큰 왜소행성 에리스의 발견 때문이다. 행성반에서 쫓겨나 '134340 플루토'라는 이름을 얻은 명왕성은 카이퍼 띠에 있는 왜소행성으로, 에리스에 이어 두 번째로 크다. 명왕성은 암석과 얼음으로 이루어져 있으며, 달과 비교하면 질량은 6분의 1이고, 부피는 3분의 1 정도다.

2006년 국제천문연맹IAU에서는 '행성이란 무엇인가?'란 주제를 놓고 최초로 행성의 조건을 정의했다. 첫째, 태양의 주위를 돌고 있어야 하며, 자신의 중력으로 둥근 구체를 형성할 정도가 되어야 한다. 둘째, 천체 자신의 공전 궤도상에 있는, 자신보다 작은 '이웃 천체를 청소해야' 한다.

명왕성은 1930년 미국의 천문학자인 클라이드 톰보에 의해 발견되었다. 톰보는 이 발견으로 하루아침에 아마추어 천문가에서 프로로 신분상승을 이루었다. 1906년, 미국 일리노이 주의 가난한 농가에서 태어난 톰보는 어렸을 때부터 별 보기를 좋아했다. 그러나 집안이 넉넉지 못해 고학으로 고등학교를 졸업한 톰보는 손수 망원경을 만들어 목성과 화성을 관찰한 후 스케치한 것을

고졸 출신 별기지로 명왕성을 발견해 천문학사에 불멸의 이름을 올린 클라이드 톰보.

충동적으로 로웰 천문대에 보냈는데, 그것이 그의 일생을 결정지었다.

로웰 천문대는 미국의 수학자이자 천문학자인 퍼시벌 로웰(1855~1916)이 1894년에 세웠는데, 못 말리는 호기심과 자유로운 영혼의 소유자였던 로웰은 하버드 대학교를 졸업한 후 1883년 조선을 방문하고 『고요한 아침의 나라 조선Choson, the Land of the Morning Calm』이라는 책을 펴내기도 했다.

톰보의 스케치를 본 천문대 대장은 그에게 편지를 보내, 천문대에 일은 고되고 보수는 짠 임시직 자리가 하나 있는데 해볼 의사가 있는지 물었다. 톰보는 그 즉시로 모아두었던 통장의 돈을 몽땅 빼내어 며칠이 걸리는 애리조나까지 가는 편도 기차표를 끊었다. 그리고 다음해에 세계의 천문학자들이 찾기를 열망하던 행성 X, 곧 명왕성을 발견해 세상을 놀라게 했다.

명왕성을 발견한 공으로 톰보는 캔자스 대학교에 장학금을 받고 입학하는 행운을 누린 데다 대학교를 졸업한 후에는 천문학 교수까지 되었다. 1977년

퇴임한 후에도 자택에서 여전히 천체관측을 하다가, 1997년 91세에 그가 즐겨 산책하던 우주로 떠났다.

만약 톰보가 자신이 발견한 지 1세기도 되기 전에 명왕성이 행성에서 퇴출되었다는 소식을 지하에서라도 듣는다면 그의 마음이 어떨까? 하지만 톰보가 이 소식을 들으면 좀 위안을 얻을지도 모르겠다.

2006년 NASA에서 띄운 명왕성 탐사선 뉴호라이즌스에는 톰보의 뼛가루 한 줌이 실려 있었다. 의리 깊은 후배 천문학자들이 톰보의 업적을 기리는 뜻에서 캡슐에 담아 실어 보낸 것이다. 뉴호라이즌스는 2015년 7월 역사적인 명왕성 플라이바이에 성공했다. 죽어서나마 톰보도 명왕성을 바로 옆에서 본 셈이다. 톰보의 뼛가루를 담은 캡슐에는 그의 묘비에 새겨진 글귀가 적혀 있다.

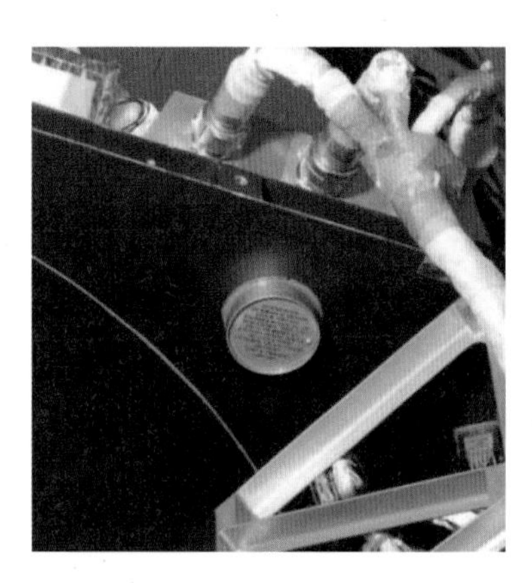

의리 깊은 NANS 후배 과학자들이 톰보의 뼛가루가 담긴 캡슐을 탐사선 데크 아래 붙였다.

"미국인 클라이드 톰보 여기에 눕다. 그는 명왕성과 태양계의 세 번째 영역을 발견했다. 아델라와 무론의 자식이었으며, 패트리셔의 남편이었고, 안네트와 앨든의 아버지였다. 천문학자이자 선생님이자 익살꾼이자 우리의 친구 클라이드 W. 톰보(1906~1997)."

여담 하나. 명왕성을 발견한 클라이드 톰보는 한때 유현진이 뛰었던 미국 프로 야구단 LA다저스 투수 클레이튼 커쇼의 외가 쪽 큰할아버지다. 그래서 커쇼는 '명왕성은 내 마음의 행성이다Pluto is still a planet in my heart'라고 적힌 티셔츠를 입고 TV에 출연한 적도 있다.

ⓒSouthwest Research Institute

명왕성을 플라이바이하는 뉴호라이즌스 상상도. 2015년 역사적인 근접비행에 성공했다.

딱 천왕성 주기만큼 산 천왕성 발견자

태양계 동네의 특징은 동심원 동네라는 점이다. 태양을 중심으로 여덟 행성이 거의 원을 그리며 돌고 있다. 가까운 순서대로 보자면, 수성·금성·지구·화성·목성·토성·천왕성·해왕성이다. 지구를 기준으로 수성과 금성은 내행성이라 하고, 화성부터 해왕성까지는 외행성이라고 한다.

이 8개의 행성은 태양을 중심으로 짧게는 88일(수성), 가장 길게는 165년(해왕성)을 주기로 공전하고 있다. 그 궤도는 가장 안쪽에 있는 수성을 제외하곤 몇 도 내로 하나의 평면상에 있는데, 거의 완전한 원에 가깝다. 지구의 궤도는 완전원에서 겨우 2%만 어긋나며, 금성의 궤도는 0.7% 벗어날 따름이다.

태양계의 크기를 생각할 때 우리가 가장 먼저 알아야 할 것은 지구와 태양 사이의 평균 거리다. 약 1억 5천만 km인 이 거리를 1천문단위라 하고, 영어로는 1AU_{astronomical unit}라 한다. 이것이 바로 태양계를 재는 잣대로 쓰인다. 이는 초속 30만 km인 빛이 8분 남짓 만에 내달리는 거리다. 우리가 타고 다니는 자동차를 시속 100km로 쉬지 않고 달린다면 태양까지 얼마나 걸릴까? 무려 170년이나 걸리는 먼 거리다.

이것의 단위를 떼고 1로 하면, 태양-수성 간 거리는 0.4, 금성은 0.7, 화성은 1.6, 목성은 5.2, 토성은 10, 천왕성은 19.6, 해왕성은 38.8이 된다. 천왕성은 토성 거리의 2배쯤 되고, 해왕성은 천왕성 거리

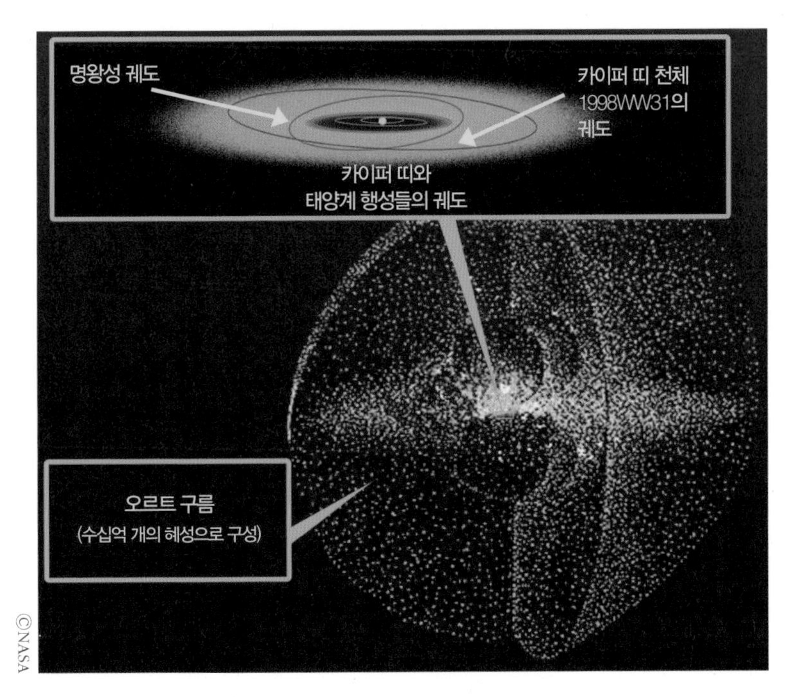

태양계 외곽을 양파 껍질처럼 에워싸고 있는 카이퍼 띠와 오르트 구름.

의 또 2배쯤 된다. 그러니까 이 행성들을 발견할 때마다 태양계가 2배씩 계속 커졌다는 걸 알 수 있다.

여기서 재미있는 건 가장 예쁜 고리 행성인 토성이 지구보다 꼭 10배 먼 거리에 있다는 점이다. 막내인 해왕성은 지구보다 40배쯤 멀리 있다. 그래서 해왕성이 태양을 한 바퀴 도는 데는 무려 165년이나 걸린다.

해왕성이 한 바퀴를 다 도는 것을 보고 죽은 사람은 없을 것이다. 인생은 그렇게 길지 않다. 우리는 기껏해야 천왕성 공전주기만큼 살 수 있을 뿐이다. 신기한 것은, 천왕성을 발견한 윌리엄 허셜은 딱 천왕성 주기인 84년을 살고 떠났다는 사실이다.

해왕성 궤도 너머 태양으로부터 30~50AU 지역에 얼음과 암석 파편 조각으로 이루어진 도넛 모양의 거대한 고리가 감싸고 있다. 카이퍼 띠라고 불리는 이 고리의 천체들은 대부분 태양계 소천체거나 외행성으로 재분류될 가능성이 있는 천체들이다. 지름 50km 이상의 카이퍼 띠 천체는 대략 10만 개 이상일 것으로 여겨지나, 이들의 질량은 모두 합쳐봤자 지구 질량의 1000분의 1~100분의 1에 불과하다. 카이퍼 띠 천체 대부분은 행성의 공전궤도면과 어긋난 궤도를 그리면서 태양을 돌고 있다.

이 카이퍼 띠를 지나면 역시 무수한 얼음 천체로 이루어진 오르트 구름이 양파 껍질처럼 태양계를 감싸고 있다. 장주기 혜성의 고향인 오르트 구름은 태양에서 거의 5만 AU 거리까지 둘러싸고 있으며, 멀게는 10만 AU(약 1.6광년)까지 퍼져 있다. 1977년 지구를 떠나 40년을 날아간 끝에 태양계를 벗어나 성간공간으로 진출한 보이저 1호가 약 300년 후 오르트 구름 언저리에 이를 예정인데, 그 구름을 헤치고 나가는 데만도 3만 년은 너끈히 걸릴 거라 한다.

8강

다정한 형제, 지구와 달 이야기

"생명은 우주가 인간의 모습을 띠고
자신에게 던져보는 하나의 물음이다."

- 린 마굴리스(미국 생물학자)

달이 지구로부터 차츰 멀어져가고 있다. 1년에 3.8cm씩 거리를 넓혀간다. 1년에 3.8cm라지만, 티끌 모아 태산이라고 이것이 차곡차곡 쌓이다 보면 10억 년 후에는 3만 8천 km가 된다. 달까지 거리의 10분의 1이다. 15억 년이 지나면 2가지의 가능성이 있다고 한다. 달이 목성의 인력으로 지구에서 떼어내져 태양계 바깥으로 튀어나가는 것과, 다른 하나는 태양 쪽으로 끌려가는 것이다. 어쨌든 확실한 것은 언제가 되든 결국은 달이 지구와 이별한다는 것이다. 그 후 태양 쪽으로 날아가 태양에 부딪쳐 장렬한 최후를 맞을 것인지, 아니면 태양계 바깥쪽으로 날아가 드넓은 우주공간을 헤맬 것인지, 그 행로야 알 수 없지만.

별먼지가 뭉쳐져서 된 지구

지구는 언제, 어떻게 생겨나게 될 걸까? 지구는 약 46억 년 전 태양계가 만들어질 때 같이 생겨났다.

성운 이론에 따르면, 우리 태양계는 폭이 2~3광년에 이르는 분자구름이 중력붕괴를 일으켜 생겨났다. 이 중력붕괴를 촉발한 것은 성운 부근에서 터진 여러 차례의 초신성 폭발이었다. 이들 초신성에서 나온 충격파는 태양성운의 밀도를 증가시켰고, 중력붕괴를 일으켜 성운의 회전운동이 시작되었던 것이다.

태양계 초창기에는 태양을 둘러쌌던 가스와 먼지들이 빠르게 뭉쳐지기 시작해 지름이 몇 km 정도 되는 미행성*들이 무수히 생겨났다. 물질은 크게 뭉쳐질수록 중력이 강해지기 때문에 다른 것들을 끌어당겨 더욱 크게 뭉쳐지려는 성질이 있다. 미행성들이 서로 부딪치고 합쳐지면서 이윽고 행성의 씨앗이 되었고, 점점 더 덩치를 키워서 마침내 원시 행성이 만들어졌다.

지구도 처음엔 이런 원시 행성에서 출발했다. 그때는 지금 지구 크기의 약 절반쯤 됐다고 한다. 이렇게 태어난 지구의 첫 모습은 지금 지구와는 완전히 딴판이었다. 지구를 들이받은 미행성들이 가지고 있던 수증기가 하늘을 온통 뒤덮었다.

이 수증기는 지구 자체의 열기와, 미행성이 지구와 충돌할 때

* 태양계 형성 초기에 존재했다고 생각되는 아주 작은 천체.

ⒸNASA

원시지구에 퍼부어지는 소행성들의 포격. 이런 소행성들이 지구에 생명의 씨앗과 바다를 가져왔다.

발생한 열기를 고스란히 잡아가두어 온도가 1,200℃나 되었다. 그 결과 어떤 일이 벌어졌을까? 지구 표면의 암석들이 용암처럼 녹아서 온통 '마그마의 바다'가 되었다.

이런 판에 화성만 한 행성이 날아와 부딪쳤고, 이 거대 충돌에서 달이 탄생했다. 충돌의 여파로 흐물거리는 지구의 물질은 죄다 뒤섞이게 되었는데, 지구의 핵이 니켈과 철로 되어 있는 것은 이때 무거운 금속 성분들이 아래로 가라앉았기 때문이다. 출렁거리던 마그마 바다는 오랜 시간에 걸쳐 식어서 땅껍질이 되었고, 지구는 수성·금성·화성과 같이 바위 행성이 되었다.

바다는 어디서 왔을까?

지구별의 가장 큰 특징을 하나만 콕 찍어서 말하라고 한다면 무엇을 들 수 있을까? 여러 가지가 있겠지만, '바다가 있다'는 점이 가장 뚜렷한 특징이라 하겠다. 바다가 있기에 지구에 생명체가 나타날 수 있었고, 또한 거기서 진화한 우리 인류가 지금처럼 문명을 일구며 살아가고 있는 것이다. 물이 없으면 그 어떤 생물도 살아갈 수 없다.

모든 생물은 거의 60% 이상이 물로 이루어져 있다. 여러분의 몸도 67%, 딱 3분의 2가 물이다. 1천만 종 이상의 생물이 지구상에서 활기차게 삶을 꾸려가고 있는 것도 지구별에는 물이 있기 때문이다. 이처럼 물은 생명의 근원이다.

물의 행성이라 불리는 우리 지구의 바다는 대체 어디에서 온 것일까? 물 분자들은 원래 태양과 그 행성들을 만든 가스와 먼지 원반에 포함된 물질이었다. 그러나 38억 년 전의 원시지구는 행성 형성 초기의 뜨거운 열기로 인해 바위들이 녹아버린 상태여서 물이 존재할 수 없었다. 지구의 모든 수분은 증발해서 우주로 달아나고 말았던 것이다.

그러한 지구에 소행성 포격 시대가 찾아와 무수한 소행성들이 지구로 쏟아져 내렸다. 성분이 바위와 얼음으로 된 소행성들이 어느 정도 식은 원시지구에 엄청나게 충돌하는 바람에 지구 표면의 3분의 2를 뒤덮는 바다가 만들어졌다.

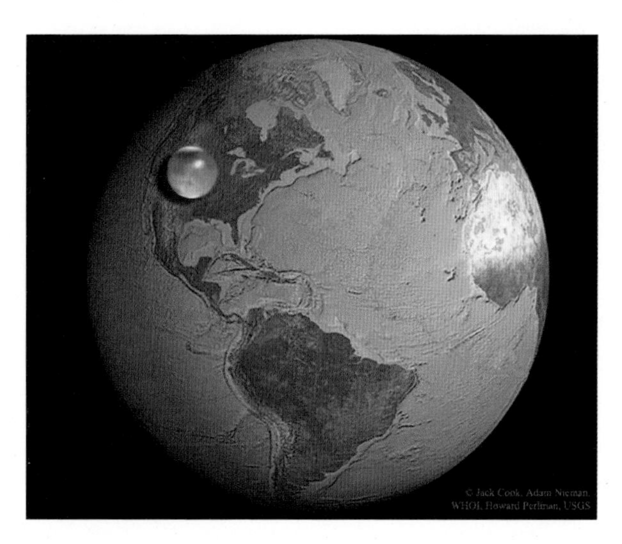

지구상의 물을 모아 물공을 만든다면 지름이 겨우 1,400km다. 한반도 남북 직선 거리가 약 900km니까, 그보다 1.5배 큰 편이다. 목성 위성 유로파의 바다가 지구보다 2~3배 수량이 많다.

그러니까 우리가 아침에 세수하고 하루 종일 마시는 물은 알고 보면 태양이나 지구보다도 더 전에 만들어진 물질인 것이다. 물의 역사가 이렇게나 오래 된 것이라니, 정말 신비하고 놀라운 일이 아닐 수 없다.

이렇게 만들어진 바다가 지구 표면을 무려 71%나 뒤덮고 있다. 그리고 그 물의 양은 지구상의 모든 물의 97%를 차지한다. 육지의 큰 호수나 강, 지하수, 남북극의 빙하, 동식물 등이 나머지 3%라는 뜻이다.

지구상에 있는 바닷물을 다 모아 커다란 공으로 만든다면 지름

ⒸCassini Imaging Tam , SSI , JPL , ESA , NASA

토성에서 보는 지구의 모습. 토성의 고리 틈으로 보이는 하얀 점 하나가 우리가 살고 있는 지구다.

이 얼마나 될까? 재미있는 상상 아닌가? 지구 지름이 약 13,000km 이니까 꽤 큰 물공이 될 것 같지만, 사실은 그다지 크지가 않다. 지름이 약 700km인 물공이 된다. 지구 지름의 약 20분의 1, 부산에서 평양까지의 거리 정도밖엔 안 되는 셈이다.

지구 면적의 3분의 2를 감싸고 있는 바다는 또 지구의 체온을 유지해주는 외투 역할을 한다. 지구가 따뜻한 온기를 유지하는 데는 대기와 바다의 역할이 크다. 바다는 파도를 만들며 쉼 없이 출렁거린다.

바다의 움직임은 파도뿐이 아니다. 밀물과 썰물이 있고, 또 한류와 난류가 이동하면서 바다의 열을 순환시키는 역할을 한다. 이것을 해류라고 하는데, 한곳의 바닷물이 어느 한 방향으로 계속해서 흐르는 것을 말한다. 이 모든 바닷물의 운동이 바다를 건강하고 살아 있는 바다로 만든다.

그런데 지금 이 바다가 마구 우리 인간에 의해 오염되고 있다. 핵폐기물이 바다에 그냥 버려지고, 사람들의 무분별한 행동으로 온갖 쓰레기들이 바다에 둥둥 떠다니고 있기 때문이다. 태평양 한복판에는 플라스틱과 스티로폼 같은 쓰레기들이 한반도보다 더 큰 면적의 쓰레기 섬을 만들어놓았다. 이것은 지난 40년간 100배나 커진 거라 한다.

석기시대, 철기시대를 살아온 인류가 20세기 후반부터는 '플라스틱기'에 살고 있다고도 할 수가 있다. 함부로 버려진 플라스틱 쓰레기는 미세 플라스틱이 되어 우리 몸으로 되돌아온다. 뿐만 아니라, 플라스틱 조각을 먹은 바다 동물들이 지금도 수없이 죽어가고 있는데도 어느 한 나라, 국제기구 하나도 이 문제에 손쓸 생각을 하지 않고 있다. 지금이라도 유엔이나 선진국들이 발 벗고 나서서 바다를 치료하지 않으면 곧 큰 재난이 닥칠 것이다.

지구가 기우뚱하다고?

우리는 지구가 공처럼 둥글다고 알고 있지만, 사실 완전한 구체는 아니다. 남북으로 약간 짜부라진 꼴을 하고 있다. 그래서 극 반지름은 6,357km인 데 비해, 적도 반지름은 그보다 21km 많은 6,378km다. 그래도 겨우 0.3% 더 긴 셈이니까 거의 완전한 구라고 할 수 있다. 이렇듯 지구가 짜부라진 이유는 지구의 자전 때문이다. 몸통이 자꾸 옆으로 도니까 원심력에 의해 그쪽이 튀어나온 것이다.

그럼 우리가 이 지구를 한 바퀴 도는 거리는 얼마나 될까? 남북으로 한 바퀴 도는 거리는 4만 km로 딱 떨어진다. 이렇게 딱 떨어지는 이유는 미터법이 원래 지구를 기준으로 해서 만든 도량형 단위이기 때문이다. 4만 km라면 서울-부산 간 거리의 약 100배나 된다. 지구가 이 정도로 크기 때문에 2m도 안 되는 사람으로서는 도저히 공처럼은 보이지 않고 한없이 평평한 땅으로 보일 수밖에 없는 것이다.

이렇게 큰 지구가 하루에 한 번씩 자전한다. 태양을 한쪽에 두고 자전하기 때문에 지구에는 낮과 밤이 생긴다. 도는 팽이도 중심축이 있듯이 지구도 축이 있는데, 남극과 북극을 잇는 선이 바로 자전축이다.

그런데 이 자전축은 공전면에 대해 똑바로 서 있지 않고 약간 기우뚱하게 서 있다. 약 23.5도 기울어 있다. 지구는 공전면 위에서 태양 둘레를 1년에 한 바퀴씩 공전한다. 이 23.5도 기울기가 지구 표

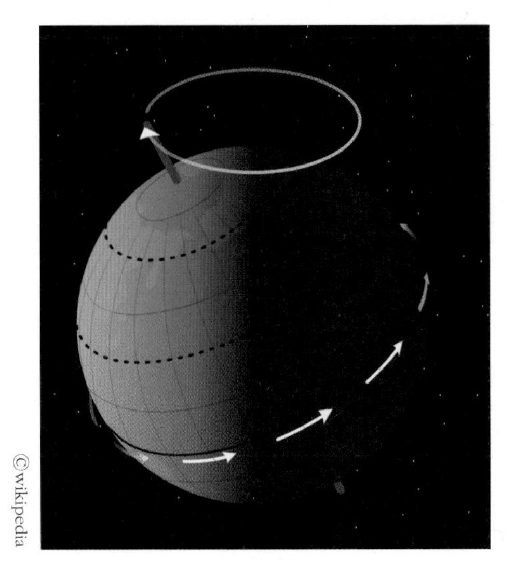

ⓒwikipedia

지구 자전축. 지구는 자전축을 중심으로 흰색 화살표 방향으로 하루에 한 바퀴씩 자전한다. 이 자전축이 23.5도로 기울어져 있어 사계절이 생긴다. 위의 흰 원은 자전축의 세차운동을 가리킨다.

면에 햇빛을 받는 각도를 변화시켜 봄, 여름, 가을, 겨울이라는 계절을 만들어내는 것이다.

지구 궤도는 약간 찌그러진 타원으로, 태양에서부터 가장 멀 때와 가까웠을 때가 약 5백만 km 정도 차이가 난다. 하지만 지구와 태양 사이의 거리에 비하면 3% 정도밖에 안 되기 때문에 지구 기후에 큰 영향을 주진 못한다. 지구의 사계절은 지구와 태양까지의 거리에 달린 게 아니라 태양의 고도, 곧 햇빛을 받는 각도에 따라 생기는 것이다.

그 많던 공룡들은 왜 다 죽었을까?

백악기 공룡들이 억세게 재수 없던 날

중생대의 쥐라기와 백악기에 걸쳐 2억 년 넘게 전 세계에서 크게 번성했던 공룡들이 왜 남김없이 다 죽었을까?

크기 30cm의 귀여운 공룡부터 무려 40m에 달하는 대형 공룡에 이르기까지, 한때 1천 종이 넘는 공룡들이 전 지구 곳곳에서 살았다. 심지어 남극에도 공룡이 살았다. 우리나라에도 남해안과 서해안 곳곳에 공룡알 화석과 공룡 발자국이 남아 있다. 경남 고성·남해, 전남 해남·여수 일대에서 다양한 공룡 발자국 화석이 발견되었는데, 이는 세계적으로 가치가 있다.

파충류에 속하는 공룡들은 생김새, 크기, 먹성, 짓거리 등이 아주 다양했다. 초식 공룡과 육식 공룡이 있었으며, 2족 보행을 하는 공룡, 4족 보행을 하는 공룡이 있었다. 그런데 그 많던 공룡들이 한순간에 비로 쓸어낸 듯이 사라지고 말았다. 그 이유는 오랫동안 확실히 밝혀지지 않았지만, 최근의 연구에서 소행성 충돌로 공룡이 멸종되었다는 이론이 정설로 자리를 잡았다.

약 6600만 년 전인 중생대 백악기의 어느 날, 지금의 멕시코 유카탄 반도의 칙술루브에 지름 10km의 소행성이 떨어졌다. 10km라면 국제 여객선이 날아다니는 고도다. 이렇게 큰 소행성이 지구랑 꽈당 충돌했으니 어땠겠는가? 지름 180km에 이르는 커다란 구덩이가 파지고, 소행성과 땅의 성분이 뒤섞여 높이 솟구쳤다.

그뿐 아니라 바다에는 엄청난 해일이 일고 육지의 화산들도 대폭발을 했다. 성층권까지 올라간 엄청난 양의 먼지와 연기가 햇빛을 가로막아 지구의 온도가 크게 떨어지고, 그 결과 공룡을 포함한 당시 생물종의 약 75%가 멸종하기에 이르렀다. 이것이 바로 백악기 제3기 대멸종이라고 불린다.

공룡의 입장에서 본다면 소행성이 떨어진 백악기의 그날이 정말로 억세게 재수 없던 날이라고 봐야겠다. 이처럼 지구와 그 위에 사는 생명체는 참으로 나약한 존재다. 어느 순간 우주에서 날아온 소행성 하나가 충돌한다면 곧바로 종말을 맞을 수도 있다. 지금도 혹 어디서 그런 소행성이 날아오고 있나, 각국의 우주 기구들이 열심히 하늘을 감시하고 있다.

6600만 년 전 멕시코 유카탄 반도의 칙술루브에 떨어진 지름 10km짜리 소행성은 지구의 공룡들을 멸종시켰다.

지구의 대기가 그렇게 대단하다니

막 태어난 원시지구는 심한 화산활동으로 지각을 뚫고 나온 이산화탄소, 질소, 메탄 등으로 뒤덮였지만, 이러한 대기는 태양의 강한 열기와 조석력으로 모두 날아가버리고 말았다. 그 후 화산활동으로 뿜어져 나온 이산화탄소 등 가스가 오늘의 대기를 이루게 되었다.

하늘빛이 푸른 것도 지구의 대기가 원인이다. 공기 중의 기체 분자가 햇빛 속의 푸른빛만을 붙잡아 산란시키기 때문이다. 햇빛이 공기를 통과할 때 파장보다 매우 작은 입자에 의해 산란되는데, 이러한 현상을 레일리 산란Rayleigh scattering이라 한다. 그 결과 하늘이 푸르게 보이는 것이다. 이런 이유로 지구의 상징색은 푸른빛이다(참고로, 화성의 하늘은 살굿빛이라 상징색이 분홍이다). 이러한 현상을 발견해 하늘이 푸른 이유를 처음으로 설명한 이는 1871년 영국의 물리학자 존 레일리(1842~1919)였다. 레일리 산란이란 이름이 붙은 것은 그 때문이다. 그러니까 인류가 하늘이 푸른 까닭을 처음으로 알아낸 것이 그리 오래되지 않았다는 얘기다.

원시지구가 이산화탄소와 수증기로 이루어진 대기로 덮여 있었다는 사실은 매우 중요하다. 이산화탄소와 수증기, 이 2가지는 온실효과*를 일으키는 기체이기 때문이다. 만약 온실기체가 없었다면 이때 생긴 엄청난 열이 모두 우주공간으로 날아가버려 지금처럼 푸른 지구가 탄생되지 않았을 것이다.

원시지구의 수증기와 이산화탄소에 의해 두터운 구름층이 생기고 공기 중 수증기가 물방울로 변하는 중요한 일이 벌어졌다. 그리고 바다에서 사는 플랑크톤이나 녹조류 등에서 내놓은 산소가 지구 대기에 포함되어 동물의 진화를 재촉하게 되었다.

지금 지구의 대기를 이루고 있는 주요 기체는 산소와 질소다. 그중 질소가 가장 많아 대기의 78%를 차지하고, 산소가 21%, 그밖에 아르곤, 이산화탄소 등이 나머지 1%를 차지한다.

지구 대기는 여러 층으로 겹겹이 쌓여 있는데, 지표에서 가까운 순서대로 보면 대류권·성층권·중간권·열권으로 나뉘어져 있다. 대류권은 지표로부터 8~10km까지로, 대기를 구성하는 성분들이 잘 섞여 있다. 또한 대류 현상이 일어나는 곳으로, 대부분의 기상 현상이 여기서 발생한다.

이 대류권이 지구 공기의 약 95%를 차지하고 있다. 거의 모든 공기가 여기에 있는 셈이다. 그런데 그 두께가 겨우 10km이니까, 지구 반지름의 640분의 1에 지나지 않는다. 해발 8,848m의 에베레스트 산 꼭대기가 거의 대류권 경계에 있는 셈이다. 하지만 거기까지만 올라가도 사람은 숨을 쉬기 힘들다.

지구를 지름 10cm의 사과에 비유한다면, 대기의 두께는 0.1mm의 사과 껍질에 지나지 않는다. 이처럼 지구는 위태로울 정도의 얇

* 대기 중의 수증기, 이산화탄소, 오존 등이 흡사 온실의 유리 같은 작용을 해서 지구 표면의 온도를 높이는 작용. 특히 산업화가 진행되면서 이산화탄소가 많이 배출되어 지구 온난화의 주범으로 꼽힌다.

은 대기로 자기 몸을 감싸고 있다. 이 대기권이 조금이라도 부실해지면 지구상에는 어떤 생물도 살아남기 어려울 것이다. 하지만 문명의 발달과 사람들의 지나친 오염 물질 배출로 대기도 바다와 마찬가지로 위협받고 있는 실정이다.

그중 제일 심각한 것이 이산화탄소를 너무나 많이 대기 중으로 내보낸다는 사실이다. 이산화탄소는 화석연료*를 사용하면 발생하는 기체로, 온실 유리처럼 지구의 열을 가두어 온도를 높게 유지시키는 역할을 한다. 최근 화석 연료를 지나치게 많이 사용함으로써 이산화탄소 배출량이 늘어나 온실 효과가 증가하고 있다. 이로 인한 지구의 기온 상승은 지구 온난화를 불러와 남북극의 빙하를 녹이고, 가뭄과 이상 기후를 만들고 있다.

자석의 힘이 지구를 지켜준다

지구는 사실 매우 커다란 자석이다. 북극과 남극이 각각 자석의 N극과 S극이다. 지구가 자석의 성격을 띠는 것은 지구 속에 있는 외핵 안에 계속 전류가 흐르기 때문이다.

막대자석의 자기력선이 철가루를 둥글게 말듯이 지구의 자기

* 석탄·석유·천연가스 같은 지하매장 자원을 이용하는 연료. 땅속에 파묻힌 동식물의 유해가 오랜 세월에 걸쳐 화석화되어 만들어진 연료로서, 현재 이용하고 있는 연료의 대부분이 이에 해당한다.

ⓒNASA

지자기장 개념도. 태양 쪽으로는 지구 반지름의 10배 정도, 그 반대쪽으로는 수백 배나 뻗쳐 있다.

력선도 비슷한 꼴을 하고 있다. 이것이 나침반의 바늘이 항상 북극을 가리키는 이유다. 이 지구의 자기력선이 대기층 바깥으로 지구를 휘감고 있는 것을 '지구 자기권'이라 한다. 지구 자기권은 500km 상공에 형성되며, 태양 쪽으로는 지구 반지름의 10배 정도, 그 반대쪽으로는 수백 배나 뻗쳐 있다.

태양은 쉼 없이 우주공간으로 태양풍이란 걸 뿜어내고 있다. 태양풍이란 일종의 전기를 띤 입자들의 흐름이다. 태양 흑점 폭발 등으로 이 태양풍이 강할 때는 자기 폭풍이 되어 지자기장(지구의 자기마당)을 크게 동요시킨다. 그 결과, 라디오와 텔레비전의 전파 장애를 일으키거나 정전을 일으키기도 한다. 하지만 극지방에서 자주 보이는 아름다운 초록색 오로라도 만들어낸다.

지구의 자기마당은 태양풍과, 다른 별이나 은하로부터 방출되는 우주선宇宙線이라 불리는 고에너지 하전 입자를 막아주어 지구의 생명체를 보호해준다. 만약 지구에 자기마당이 없었다면 태양풍이 곧바로 대기에 부딪쳐서 지구 대기를 다 뜯어내버렸을 것이다. 그러면 결국 지구는 자기마당이 없는 금성처럼 물도 없고, 생명체가 살 수 없는 행성이 되었을 것이다. 자기마당 역시 이처럼 우리에게 고마운 존재다.

지구를 쪼개면 뭐가 나올까?

이제 우리가 살고 있는 땅, 이 지각을 받치고 있는 지구의 속을 살펴볼 차례다. 지름이 무려 12,700km나 되는 이 거대한 흙 공을 수박처럼 한번 쪼개보자. 과연 그 속에 무엇이 들어 있을까?

지구의 속은 크게 3개의 층으로 이루어져 있다. 가장 안쪽에 있는 것부터 말하면 내핵, 외핵, 맨틀의 순서다.

지표에서 지구 중심까지의 거리, 곧 지구의 반지름은 약

6,350km인데, 내핵과 외핵이 그 중 3,400km를 차지하고, 맨틀은 2,900km를 차지한다. 우리가 사는 지각은 맨틀 위에 덮여 있는데, 두께가 겨우 몇 십 km에 지나지 않는다. 이것을 삶은 계란에 비유하면 노른자위가 핵, 흰자위가 맨틀, 얇은 껍데기가 지각에 해당하는 셈이다.

맨틀은 지구 부피의 82%를 차지하는 부분으로, 성분은 이산화규소를 주성분으로 하는 감람석 같은 바위로 되어 있다. 그런데 신기하게도 맨틀은 대체로 고체 상태로 있다가도 온도와 압력이 변하면 액체 상태로 바뀌기도 한다. 맨틀층의 물질이 상하 운동을 해 갖가지 현상을 일으키기도 하는데, 화산 활동이나 지진 등이 일어나는 것도 지구 맨틀층에서 일어나는 느린 운동 때문이다.

맨틀 아래에는 지구의 핵이 자리 잡고 있다. 지름이 무려 7천km로, 수성보다도 크다. 성분은 90% 이상이 철이다. 그러니 밀도가 아주 높다. 핵은 안쪽의 내핵과 바깥의 외핵으로 나눠지는데, 내핵이 고체인 데 반해 외핵은 액체다. 그러니까 지구 내부 구조 중 오로지 외핵만이 액체인 셈이다. 고체인 내핵이 외핵의 액체 속에 잠겨 있는 것이다. 이 내핵이 액체 속을 끊임없이 움직임으로써 전기를 만들어내고, 여기서 지구의 자석 성질이 생겨난다. 우리는 이렇게 신기한 지구의 땅을 밟으며 살고 있다.

재미난 쉼터 11

"2060년에 세계는 멸망한다!"

아이작 뉴턴의 '지구 종말론'

인류의 최후를 향해 계속 재깍거리는 지구 종말 시계가 연초에 2분에서 100초 전으로 당겨졌다. 이 시계를 관장하고 있는 미국 핵과학자회$_{BAS}$는 이란·북한의 핵위협과 기후변화가 인류의 생존을 위협하는 가장 큰 요인으로 꼽았다.

휴거니 아마겟돈이니 지구 온난화니 하면서 인류의 종말을 언급하는 말들이 세상에 넘쳐나고 있는 판에, 여기에 또 한몫을 보탠 사람으로 아이작 뉴턴이 끼어 있다는 사실을 아는 사람은 드문 것 같다. 인류가 낳은 최고의 과학 천재이자 '만유인력의 법칙'으로 유명한 뉴턴은 오랜 시간과 정열을 쏟아 '지구 종말론'을 연구했는데, 사실 뉴턴은 생전 물리학과 수학보다도 성경과 카발라(유대교 신비주의), 연금술 연구 등에 자신의 생애 거의 대부분을 바친 것으로 전해진다.

©wikipedia

아이작 뉴턴. 인류 최고의 과학천재로 꼽힌다.

뉴턴은 자타가 공인하는 세계 최고의 천재였지만, 정작 원자에 대한 지식이 없던 그 시대에 금을 만든다는 그

릇된 망상으로 수십 년을 연금술 연구에 빠져 지냈다. 다른 금속을 금으로 변환시키기 위해서는 핵 속의 핵자를 바꾸어야 하는데, 그 같은 힘은 초신성 폭발과 같은 엄청난 압력과 온도로써만 가능한 일이다. 지구상에서 그러한 힘을 얻는다는 것은 당연히 불가능하다. 뉴턴은 그 핵심을 때리지 못하고 물질의 거죽만을 주물럭거리며 귀중한 자신의 천재성을 낭비했던 것이다. 그래서 뉴턴은 '최후의 연금술사'로 불리기도 한다.

뉴턴은 또 성경 속의 종말론 연구에 나머지 생애를 소비한 끝에 종말론 원고를 남겼다. 뉴턴이 낡은 양피지에다 18세기 영어로 유창하게 쓴 육필 원고에는 성경에 관한 해석과 신학, 고대 문학의 역사, 교회, 솔로몬 성전의 기하학적 구조 등 다양한 주제가 담겨 있다.

뉴턴은 특히 종말론을 집중적으로 연구했는데, 구약의 '다니엘서'를 토대로 지구 종말의 날을 어느 역사적 사건을 기점으로 해서 1260년 후로 예측했다. 뉴턴은 이러한 자신의 예측이 어긋나지 않도록 여러 정교한 장치들을 마련했다. 바로 그 중 하나가 기점으로의 역사적 사건을 몇 개씩이나 지정해놓은 것이었다.

뉴턴은 카롤루스 대제가 서로마 황제에 오른 서기 800년을 계산의 기점으로 잡아 2060년에 세계가 종말을 맞는다고 예언했다. 이 사건은 물론 뉴턴의 여러 기점 후보 중에서 단지 하나일 뿐이다. 그전의 다른 기점들은 이미 모두 빗나간 것으로 판명됐지만, 이번 기점은 2060년이 되어야 그 진실 여부가 판명날 것이다. 과학 사상 최고의 천재로 추앙받는 뉴턴이 이렇게 비과학적일 줄이야!

뉴턴은 연금술 연구와 실험으로 인해 수은 등 중금속을 오래 접촉한 탓에 중금속에 중독되어 말년에는 정신착란 증세를 보이기까지 했다. 뉴턴은 말년에 두 차례나 정신이상 증세를 보였다. 그는 방안에 틀어박혀 사람들이 자신을 박해하는 망상에 사로잡히며 괴로워했다.

1693년 뉴턴은 한 친구에게 "지난 12개월 동안 제대로 먹지도 자지도 못했네. 또한 전처럼 생각에 일관성을 유지할 수도 없다네. 더 이상 자네나 다른 친구들도 만나지 말아야 할 것 같네"라는 슬픈 편지를 보내기도 했다. 83세에 심장병으로 여러 차례 심한 통증을 겪었던 뉴턴은 죽기 몇 주 전 비로소 고통에서 벗어났고, 1727년 평화롭게 눈을 감았다.

국가는 최고의 예우를 갖추어 그의 유해를 웨스트민스터 성당 지하묘지에 안치했다. 그의 묘비에는 "자연과 자연의 법칙은 어둠에 잠겨 있었다. 신이 '뉴턴이 있으라!' 하시자 세상이 밝아졌다"는 알렉산더 포프의 시가 새겨졌다.

지금도 우리는 뉴턴의 운동 방정식으로 우주선을 발사하고 궤도를 설계하고 있다. 2060년이 다가오면 뉴턴이 다시 소환되고 그의 종말론이 다시 고개를 들 것이다.

지구의 하나뿐인 변덕쟁이 동생

어떨 때는 달이 구름 사이로 보이기도 한다. 그럴 때 흐르는 것은 구름인데, 꼭 달이 흐르는 것처럼 보인다. 그래서 어떤 시인은 '구름에 달 가듯이 가는 나그네'라고 표현했는가 보다. 참으로 아름다운 시구 아닌가?

지구에서 가장 가까운 천체인 달까지의 거리는 얼마나 될까? 그것을 알려면 지구 둘레를 도는 달의 궤도를 알아야 하는데, 사실 달은 찌그러진 원 형태의 타원 궤도를 돌고 있다. 그래서 지구와의 거리가 일정치가 않다. 가까울 때는 36만 km 정도 되고, 멀 때는 40만 km가 넘는다. 평균 약 38만 km 떨어져 있다고 생각하면 마음 편하다. 이게 얼마만 한 거리일까? 빛으로는 1초 남짓 만에 가지만, 시속 100km 차로는 밤낮 없이 다섯 달을 달려야만 닿는 거리다.

그런데 달은 스스로 빛을 내는 게 아니라, 태양으로부터 빛을 받아 반사되는 거란 사실을 모르는 이는 없을 것이다. 달의 모양이 날마다 바뀌는 이유는 바로 여기에 있다. 달과 지구와 태양의 위치 관계에 따라, 달 표면에 햇빛을 받는 곳이 지구에서 볼 때 달라지기 때문이다. 어떨 때는 보름달도 되고, 초승달도 되고, 그믐달·상현달·하현달이 된다. 이렇게 달의 모양이 계속 바뀌는 것을 '달의 위상 변화'라고 한다.

이처럼 달은 이지러지고 차기를 거듭하며 날마다 얼굴이 바뀌고 이름도 달라지지만, 여기 중요한 사실이 하나 있다. 바로 이 모든

ⓒ김경환

보름달과 비행기. 절구 찧는 모양의 검은 옥토끼 부분이 달의 바다이고, 비행기 아래 보이는 수박꼭지 자국 같은 것이 지름 85km의 티코 크레이터다. 과천에서 촬영.

변화가 규칙적으로 일어난다는 점, 즉 한 달에 한 번씩 되풀이된다는 사실이다. 그러고 보니 "한 달, 두 달" 하는 말도 바로 여기에서 나온 거란 사실을 알 수 있다. 이 달이 열 두 개가 모이면 바로 1년이 된다. 이처럼 달은 우리와 밀접한 관계가 있다.

달이 원래의 모양으로 되돌아오기까지는 약 29.5일이 걸린다. 이것을 '삭망월'이라 한다. 음력은 이 삭망월을 한 달로 하여 만든 것이다. 그래서 큰 달은 30일, 작은 달은 29일이다. 우리 조상님들은 주로 음력을 사용했다. 요즘도 명절을 다 음력으로 쇠는 것은 바로 그 때문이다.

여기서 달에 관한 가장 중요한 사실 2가지를 짚고 넘어가자. 첫째, 지구 둘레를 도는 단 하나뿐인 위성이란 점. 둘째, 지구에서 가장 가까운 천체로, 해 다음으로 밝다는 점.

달이 동쪽에서 떠서 서쪽으로 지는 것은 지구가 자전하기 때문이라는 사실도 꼭 기억해둬야겠다. 지구가 하루 동안 서쪽에서 동쪽으로 한 바퀴씩 자전 운동을 하기 때문에 우리 눈에는 마치 달이 동쪽에서 서쪽으로 움직이는 것처럼 보이는 것이다.

중요한 사실 하나 더. 달은 날마다 50분씩 늦게 뜬다는 점이다. 그 이유는 달이 공전하기 때문인데, 달이 하루 동안 15도씩 공전해서 지구에서 반대편으로 가는 바람에 지구가 15도 더 자전해야 달이 보인다. 이 15도만큼 이동하는 시간이 50분이다. 그래서 달이 그 전날에 비해 매일 50분씩 지각하는 것이다.

음력과 양력, 어떻게 다른가?

달이 차고 기우는 주기를 기준으로 해서 만든 달력을 음력 또는 태음력이라 한다. 그런데 이 음력에는 심각한 문제가 있다. 달의 주기는 평균 29.53일로 날짜가 딱 떨어지지 않는다. 이런 이유로 달의 주기를 이용한 음력은 한 달의 길이로 29일과 30일을 번갈아 사용한다.

지구가 태양을 한 바퀴 도는 데 걸리는 시간, 즉 1년의 길이는 약 365일이다. 음력을 여기에 맞추려면 30일과 29일을 번갈아 사용해 열두 달을 만들어야 하는데, 그러면 11일의 차이가 생긴다. 이게 해마다 쌓이면 계절과 달력의 날짜가 맞지 않아 봄에 태어난 사람의 생일이 여름이 되는 수가 있다. 그래서 19년마다 7번씩 윤달을 둔다.

이에 비해 양력, 즉 태양력은 태양의 운행을 기준으로 만든 달력이다. 1년을 365일로 하는, 30일로 이루어진 열두 달과 연말에 5일을 더하는 식으로 만든 달력이며, 4년에 한 번씩 하루를 더 넣어 윤년을 만든다.

우리가 흔히 쓰는 24절기는 태양의 운행에 맞춰 1년을 24등분해서 만든 것이다. 음력이 달력 날짜와 계절이 잘 안 맞아 농사짓기에 불편하다는 단점을 메꾸기 위한 것인데, 말하자면 양력의 축소판이라 할 수 있다.

덩치가 커도 너무 큰 달

그럼 저 밤하늘의 달과 지구는 어떤 관계가 있는 걸까? 달은 행성인 지구 둘레를 뱅뱅 도는 천체라 할 수 있다. 이런 천체를 위성이라 하고, 위성이 도는 중심 행성을 모행성이라 한다.

우리 지구가 속한 이 태양계에는 수많은 위성들이 있다. 수성과 금성은 위성이 없지만, 화성은 2개, 목성·토성·천왕성·해왕성은 각각 수십 개의 위성 식구를 거느리고 있다. 하지만 유별나다는 점에

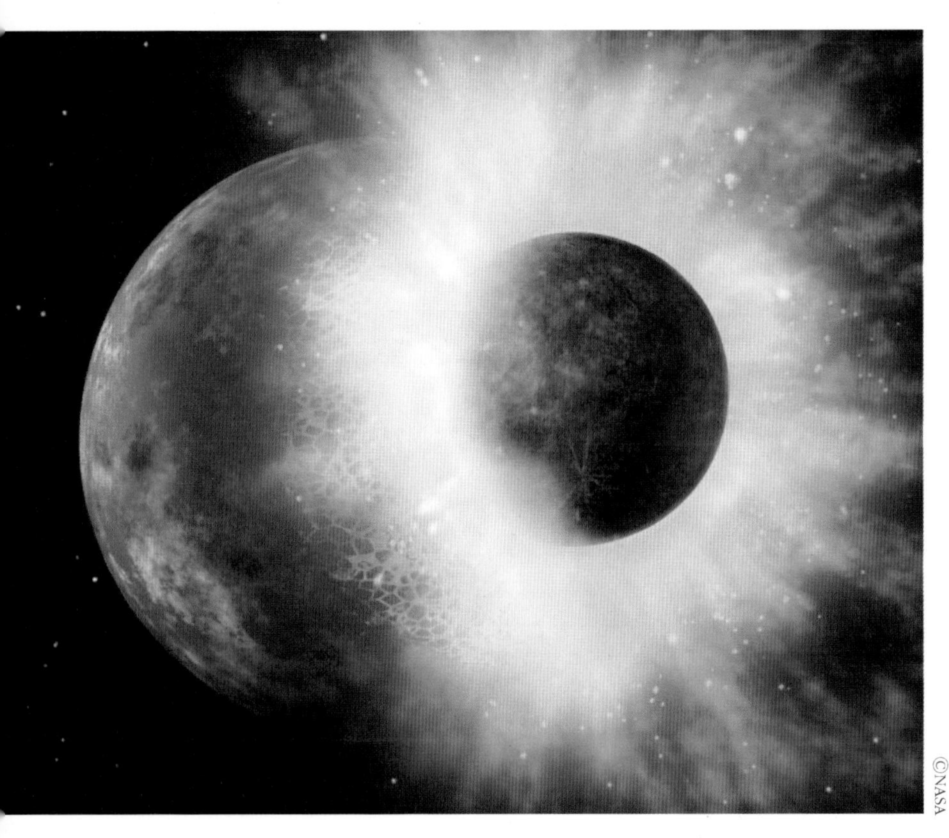
©NASA

화성만 한 크기의 테이아가 지구를 들이받는 '거대충돌' 상상도.

서 달을 따라올 위성은 하나도 없다.

달의 가장 큰 특징은 위성 치고 덩치가 너무나 크다는 점이다. 물론 목성이나 토성에는 달보다 큰 위성이 여럿 있다. 하지만 달은 지름(적도지름 3,476km)이 지구의 4분의 1이나 되지만, 태양계에서 가장 큰 위성인 가니메데도 모행성인 목성 지름의 27분의 1밖에 안 될 정도니까, 달이 얼마나 덩치 큰 위성인지를 알 수 있다.

그럼 지구는 왜 이렇게 엄청난 덩치의 달을 갖게 되었을까? 바로 달의 출생 비밀에 그 답이 있다.

우리에게 각자 생일이 있듯이 달도 생일이 있다. 달은 지구에 다른 천체가 충돌하는 바람에 생긴 부스러기로 만들어졌다. 이 이론을 '거대 충돌설'이라 한다.

말 그대로 거대한 것이 충돌했다는 뜻이다. 그렇다면 언제? 지구가 막 만들어진 직후로, 약 45억 년 전에. 구체적으로 어떻게? 화성만한 크기의 천체가 난데없이 날아와서는 지구에 '꽈당' 하고 들이받았다는 거다.

어떻게 그런 일이? 태양계가 만들어지던 46억 년 전쯤에는 크고 작은 천체들이 사방으로 날아다니며 서로 부딪치고 합쳐지고 하는 난리판이었다. 그 무렵 막 태어난 지구가 기지개를 켜는 순간 느닷없이 큰 놈이 날아와서 들입다 박았다.

이름 붙이기를 좋아하는 학자들은 그 난데없는 천체에다 '테이아Theia'라는 멋진 이름까지 붙여주었다. 테이아란 그리스 신화에서 달의 여신 셀레네의 어머니다.

화성 크기의 이 천체가 초속 15km의 속력으로 달려와 지구를 들이받자, 엄청난 폭발 열기로 두 천체는 그만 곤죽이 되어버렸다. 그리고 충돌하는 사품에 우주공간으로 튀어 날아간 부스러기들이 지구 주위를 도넛 모양으로 감싸고는 빙빙 돌다가 뭉쳐져 이윽고 달이 되었다. 달이 탄생했을 무렵에는 지금보다 훨씬 가까운 거리에 있었다고 한다.

달에도 바다가 있다고?

달 얼굴을 자세히 들여다보면 검버섯 같은 거무스레한 무늬가 보인다. 그 무늬가 계수나무처럼 보이기도 하고, 토끼처럼 보이기도 한다. 이렇게 우리가 늘 보는 것은 달의 앞면이다. 달은 둥그런 공처럼 생겼는데 왜 다른 면은 볼 수가 없는 걸까? 여기에는 깊은 뜻이 숨어 있다.

지구처럼 공전도 하고 자전도 하는 달은 지구 둘레를 한 달에 한 바퀴씩 돈다. 한 바퀴 도는 시간을 공전 주기라 하는데, 정확한 시간을 말하자면 27.3일이다. 그런데 놀랍게도 자전 주기도 27.3일이다! 아니, 대체 왜? 지구를 한 바퀴 도는 시간에 자전을 겨우 한 번 한다는 거야? 그렇게 게으를 수가! 하지만 달만을 탓할 일은 아니다. 알고 보면 그것도 형인 지구 때문이니까.

달의 공전 주기와 자전 주기가 똑같다는 것은 우연이 아니다. 지구와 달은 서로 조석력*을 주고받는다. 하지만 지구가 달보다 80배나 더 무겁기 때문에 달은 지구의 조석보다 더 큰 영향을 받

* 밀물과 썰물을 일으키는 달과 태양의 힘. 천체의 두 지점에 작용하는 만유인력의 차이다.

게 되고 달의 양쪽이 당겨져 펴진다. 이것이 달의 자전 속도를 늦추고, 달이 지구로부터 점점 더 멀어져가게 해 이윽고 공전 주기와 자전 주기가 똑같아지기에 이른 것이다. 이를 '동주기 자전synchronous rotation'이라 한다.

달의 하루가 한 달과 같아지자, 달의 자전 속도도 더 이상 느려지지 않게 되었다. 그러니까 형인 지구가 달을 끌어당기는 힘이 너무 센 나머지, 달이 그만 지구에게 양볼을 딱 잡힌 것처럼 되어 지구 쪽만 보면서 빙빙 돌 수밖에 없게 된 것이다.

달 표면에 검게 보이는 부분을 바다라고 한 사람은 갈릴레오다. 망원경으로 달을 최초로 관측한 갈릴레오는 여러 장의 아름다운 달 관측 스케치도 남겼다. 그림 솜씨도 훌륭했다. 바로 이것이 인류 최초의 천체 스케치다.

갈릴레오는 달 표면에 검게 보이는 부분이 달의 바다로 물이 가득 차 있을 거라고 믿었다. 그래서 지금도 폭풍의 바다니, 고요의 바다니 하는 이름들을 갖고 있다. 물론 물은 없다. 달 착륙선은 주로 이런 편평한 달의 바다에 내린다.

참고로, 달이 반달일 때 햇빛을 받지 않는 부분도 희미하게 보이는데, 이는 지구의 반사광이 달에 비치는 것으로 지구조地球照(earthshine)라 한다. 주로 지구의 바다에서 반사된 빛이 달의 어두운 부분을 비춰주고 있는 것이다. 달에 비치는 지구조를 가장 먼저 발견한 사람은 르네상스 시대의 이탈리아 화가 레오나르도 다빈치였다.

달은 지구의 보디가드

먼저 달의 지름은 3,476km로 지구의 약 4분의 1이고, 질량은 지구의 약 80분의 1밖에 안 된다. 그래도 모행성에 대한 크기는 태양계 위성 가운데 으뜸이다. 달의 덩치가 지구와 비교가 안될 만큼 작다 보니 중력도 6분의 1밖에 안 된다. 지구에서 몸무게 60kg인 사람이 달에 가면 10kg밖에 안된다는 얘기다. 그렇기 때문에 우주인들이 무거운 우주복을 입고 달 위를 걸어 다녀도 사실 별로 힘들지 않다. 풀쩍풀쩍 잘만 뛰어다닌다.

이런 달의 가장 큰 특징은 대기를 만드는 공기가 없다는 사실이다. 이게 지구 환경과 가장 다른 점이다. 대기가 하는 중요한 일 중의 하나는 햇볕을 잡아 기온이 안정되게 하는 건데, 달은 대기가 없기 때문에 햇볕이 드는 낮은 기온이 110℃까지 올라가고, 밤엔 영하 150℃ 아래로 떨어진다. 알고 보면 지옥이 따로 없다.

©NASA

아폴로 16호 달 착륙선 조종사 찰스 듀크가 달 표면에 두고 온 가족사진.

대기가 없으니 바람이 부는 일도 없다. 운석들이 떨어져 구덩이가 한 번 패면 영원히 변치 않고 그대로 간다. 심지어 우주인이 남겨놓고 온 발자국도 몇 백만 년, 몇 억 년을 그대로 갈 것이다.

1972년 4월, 달에 착륙한 아폴로 16 승무원 찰스 듀크는 그의 가족사진을 월면에 두고 왔다. 이 역시 몇 억 년을 갈지도 모른다. 운석이 떨어져 뭉개놓지만 않는다면 말이다.

반면에, 지구에 운석이 떨어져 구덩이를 판다면 얼마 안 가 비바람에 시달려 죄다 사라지고 말 것이다. 그래서 원시지구 때 그처럼 많은 운석 포격을 받았지만, 지금까지 남아 있는 구덩이는 얼마 되지 않는다. 지구는 화산도 폭발하고, 지진도 나고, 온천수와 용암도 솟아오르는 살아 있는 행성이다. 하지만 달은 그런 지질활동이 거의 없는 죽은 천체다.

그래도 달의 크레이터는 생각보다 매력적인 곳이다. 운석 구덩이라고도 하는 크레이터는 그리스어로 '그릇'을 뜻한다. 대부분 둥그렇게 생긴 이 크레이터들은 움푹 팬 큰 구덩이 모양의 지형인데, 초기 화산 활동이나 운석의 충돌로 생긴 것들이다. 달의 초창기인 40억~38억 년 전에는 큰 운석들이 마구 퍼부어지던 '운석 포격 시대'였다. 운석 충돌은 횟수가 많이 줄었지만 지금도 계속되고 있다.

참, 빠뜨려서는 안 되는 얘기가 있다. 가끔씩 우주에서 날아온 운석들이 지구에 접근하는 문턱에서 더러는 달의 중력에 잡혀서 달로 떨어진다. 만약 달이 없다면 지구를 들이받은 소행성들이 더 많았을 것이다. 만약 지름 10km짜리 소행성이 지구를 들이받는다면 지구의 거의 모든 동식물은 멸종을 피할 수 없다. 그런 의미에서 달은 형인 지구를 지켜주는 보디가드이기도 하다.

ⓒTomruen

달의 바다와 크레이터. 검은 부분이 달의 바다다. 아래의 수박꼭지 같은 것이 티코 크레이터, 왼쪽 위 토끼의 배꼽 부분에 있는 것이 케플러 크레이터다. 티코와 케플러는 사제지간이다.

하늘에 있던 달이 없어졌다!

이제 우주 극장으로 가서 아주 흥미롭고 장엄한 우주 쇼 '일식과 월식'을 구경하도록 하자. 이처럼 재미있는 우주 쇼는 다른 우주 극장에서는 좀처럼 볼 수 없는 것이다.

먼저 월식 편. 월식lunar eclipse이 어떻게 일어나는지 모르는 사람은 없을 것이다. 해와 지구와 달이 일직선으로 '앞으로 나란히!' 하면 월식이 일어난다. 줄을 아주 똑바로 잘 서서 지구가 해를 완전히 가리면, 달이 지구 그림자에 퐁당 다 빠지고 만다. 이게 바로 개기월식이다. 줄을 좀 비뚤게 서면 지구 그림자가 달의 일부만을 가리는 부분월식이 된다. 개기월식에서 달이 붉게 보이는 것은 지구조에 의한 것으로, 파장이 긴 붉은빛이 달을 물들인 까닭이다.

눈치 빠른 분은 알아챘겠지만 해-지구-달이 나란히 서는 때, 지구에서 보는 달은 무슨 달일까? 바로 보름달이다. 그래서 월식은 항상 보름달일 때만 일어난다. 개기월식이 일어나는 것은 1년에 한두 번 정도고, 부분월식까지 쳐도 1년에 두세 번밖에 안 된다. 달의 궤도는 태양 주위를 도는 지구 궤도면보다 약 5도 기울어져 있어,

©Luc Viatour

월식을 연속으로 찍은 사진.

일식이나 월식은 지구와 태양과 달이 거의 일직선을 이루었을 때만 일어나기 때문이다.

최근 우리나라에서 개기월식의 전 과정을 볼 수 있었던 것은 2018년 7월 28일이었다. 다음 개기월식은 2021년 5월 26일, 2022년 11월 8일, 2025년 9월 8일이니, 놓치지 말고 꼭 구경하기 바란다.

해를 품은 달

다음은 일식 편. 일식solar eclipse은 줄서는 순서가 좀 달라진다. 이번엔 해-달-지구가 나란히 설 때 일식이 일어난다. 달의 그림자가 지구를 덮어 해가 안 보이게 되는 것이다. 이른바 '해품달'이 된다. 달이 해를 완전히 덮으면 개기일식, 부분만 덮으면 부분일식, 달이 지구에서 멀리 있는 바람에 해를 다 덮지 못하고 가장자리가 남아 반지처럼 보이는 일식은 금환일식annular solar eclipse이라 부른다.

고대인들은 대낮에 갑자기 해가 사라지고 세상이 캄캄해지는 것을 보고 공포에 질렸다고 한다. 하늘의 개가 해를 잡아먹는다고 생각하기도 했다. 그래서 하늘 개를 쫓기 위해 북 치고 꽹과리 치고, 잠시 전쟁을 멈추기도 했다. 옛날 우리나라 왕들도 일식이 있을 때는 재앙을 막기 위해 반성하며 몸가짐을 조심했다. 혜성이 나타날 때도 불길한 징조라고 믿었다.

그런데 지구 행성의 일식에는 아주 유별난 점이 있다. 그게 뭘

©Luc Viatour

개기일식. 희게 흩어져 보이는 부분이 태양 대기 코로나다.

까? 바로 달과 해가 딱 포개지는 것은, 달과 해의 겉보기 크기가 똑같기 때문이라는 것이다. 달은 태양 크기의 400분의 1이다. 그렇다면 지구에서 달까지의 거리는 지구에서 태양까지의 거리의 400분의 1이란 뜻이고, 곧 태양은 달보다 400배나 먼 거리에 있다는 뜻이다. 그야말로 우주적인 우연의 일치라 하겠다. 달이 위성 치고는 너무나 큰 나머지 우리는 이런 개기일식을 볼 수 있는 행운을 누리게 된 셈이다.

우리나라의 최근 개기일식은 2015년에 있었고, 다음 개기일식은 2035년 9월 2일이다. 이때 달의 본그림자가 한반도를 가로지르기는 하지만, 우리나라보다는 북한 지역을 많이 통과하기 때문에 북한에서 쉽게 볼 수 있다. 빨리 통일이 되었으면 좋겠다.

우리 몸이 달과 관계가 있다고?

달은 오랫동안 사람들에게 큰 벗이었다. 만약 달이 없었으면 인류도 없었을지도 모른다. 모든 생명의 진화와 생체 리듬에까지 달은 깊은 영향을 미치고 있기 때문이다. 그만큼 달과 인류는 떼려야 뗄 수 없는 관계다.

인체의 생체 시계도 달과 깊은 관련이 있다. 여성의 생리 주기가 달의 주기와 같은 게 그 하나라 할 수 있다. 다른 동물들의 생체 리듬에도 달은 큰 영향을 미친다. 그중에서도 유명한 것은 산호의 산란이다. 산호는 보름달이나 그믐달의 한사리 때 밤에 일제히 알을 낳는다. 바다거북들이 알을 낳으러 해변으로 올라오는 때는 늘 보름달이 뜨는 밤이라고 한다.

이처럼 달이 지구와 생명체에 미친 영향은 그야말로 헤아릴 수조차 없을 만큼 많다. 특히 그 중에서도 가장 중요한 것은 다음 2가지일 것이다.

첫째, 남북극을 잇는 지구 자전축의 기울기를 달이 안정되게 잡아줌으로써 지구의 계절을 만들고 있다. 지구는 태양 둘레를 도는 공전 궤도에 대해 23.5도 기울어져 있고, 자전축을 중심으로 지구가 하루에 한 바퀴씩 돈다. 이 자전축 기울기 23.5도에는 정말 중요한 뜻이 있다. 봄·여름·가을·겨울 사계절의 변화는 이 자전축이 기울어져 있기 때문에 일어나는 현상이다. 만약 지구의 자전축이 기울지 않고 수직으로 곧추서 있다면 1년 내내 기온 변화가 거의 없고,

불을 끄고 별을 켜자. 빛공해로 뒤덮인 우리나라와는 달리 보이는 게 거의 없는 북한의 밤 사진. 국제우주정거장에서 찍은 사진. 북한에서의 별관측이 별지기들의 로망이다.

계절의 변화도 일어나지 않을 것이다.

둘째, 달의 인력으로 인해 지구의 바다에 밀물·썰물 현상을 일으킨다. 하루에 두 차례씩 바닷물이 오르내리게 하는 힘을 조석력이라 한다. 달 쪽을 향한 면과 그 반대쪽이 힘을 받아 바닷물이 올라간다. 태양도 지구에 조석력을 미치는데, 그 영향은 달의 약 절반 정도다. 그믐이나 보름달일 때 조석력이 커지는데, 이를 사리라 한다.

특히 태양과 달과 지구가 일직선으로 나란한 보름달 때 간만의 차가 가장 커지며, 이를 한사리라 한다. 반대로 조석력이 가장 약해지는 반달일 때는 조금이 된다. 이러한 밀물·썰물 현상이 바다 생물과 인간의 삶에 얼마나 큰 영향을 미치는가는 이루 말하기가 힘들 정도다.

여기서 재미있는 점은 이 조석이 지구의 하루 시간에 영향을 미친다는 사실이다. 하루 길이가 24시간이 된 것은 바로 조석 간만 때문이다. 조석 간만에 의해 바닷물이 지표면과 마찰해 지구 에너지를 감소시킴으로써 지구 자전이 조금씩 늦어지고 있는데, 그 비율은 10만 년에 1초 정도라 한다. 그러니까 지구가 태어난 46억 년 전 당시의 하루는 10시간 정도였다는 계산이 나온다. 알면 알수록 달과 지구-인간이 서로 얼마나 밀접한 관계를 맺고 있는가를 실감할 수 있다.

요즘은 밤에도 너무나 많은 불들이 켜져 있어 달이나 별을 보기가 쉽지 않다. 빛 공해Light Pollution로는 우리나라가 이탈리아에 이어 세계 2위다. 빛 공해가 심해지면 식물의 생장과 사람의 건강에도 부정적인 영향을 미친다. 시골에 가로등이 없는 이유는 농작물들의 성장에 나쁜 영향을 막기 위한 것이다. 요즘 '불을 끄고 별을 켜자'는 운동이 벌어지고 있다. 바로 이것이 우리의 소중한 지구를 지키는 길이다.

달도 언젠가 지구를 떠난다

앞에서 달이 지구의 밀물과 썰물을 만든다고 했지만, 단순히 밀물과 썰물만 만드는 게 아니라 그에 따른 다른 영향도 미친다. 밀물과 썰물이 생기면 그 물은 이동하면서 바다의 밑바닥과 마찰을 일으킨다. 이것이 지구의 자전 에너지를 떨어뜨려 지구 자전을 조금씩 늦추는데, 그 비율은 앞서 말했듯 10만 년에 1초 정도다.

지구의 자전이 느려지면, 그대로 달에게 옮겨가 달의 공전 속도가 느려진다. 그러면 달은 또 그만큼 지구로부터 멀어진다. 얼마나? 1년에 약 3.8cm다.

아니, 벼룩 꽁지만한 길이를 어떻게 쟀냐고? 달 탐사선이 달에다 설치해놓은 레이저 반사 거울이 그 답이다. 아폴로 우주인들이 모두 5개의 반사 거울을 달 표면에다 세웠는데, 지구에서 쏘는 레이저빔이 거기까지 갔다가 되돌아오는 시간이 약 2.5초다. 달까지의 거리를 밀리미터(mm) 단위까지 정확히 잴 수 있다.

1년에 3.8cm라지만, 티끌 모아 태산이라고 이것이 차곡차곡 쌓이다 보면 10억 년 후에는 3만 8천 km가 된다. 달까지 거리의 10분의 1이다. 그래서 15억 년이 지나면 2가지의 가능성이 있다고 한다. 달이 목성의 인력으로 지구에서 떼어내져 태양계 바깥으로 튀어나가는 것과, 다른 하나는 태양 쪽으로 끌려가는 것이다.

어쨌든 확실한 것은 언제가 되든 결국은 달이 지구와 이별한다는 것이다. 그 후 태양 쪽으로 날아가 태양에 부딪쳐 장렬한 최후를 맞을 것인지, 아니면 태양계 바깥쪽으로 날아가 드넓은 우주공간을 헤맬 것인지, 그 행로야 알 수 없지만.

달이 없는 지구는 그럼 어떻게 될까? 그동안 자전축을 잡아주어 계절을 만들어주던 달이 사라진다면, 자전축이 어떻게 기울지 알 수가 없다. 만약 태양 쪽으로 기울어진다면 지구에 계절이란 건 다 없어지고, 남-북극 빙하들이 다 사라져 동식물의 멸종을 피할 수 없을 것이다.

이처럼 달이 없는 지구는 상상하기도 힘들다. 하지만 문제는 44억 년이란 기나긴 세월 동안 지구와 같이 껴안고 돌던 달도 언제까지나 그렇게 붙어 있지는 않을 거라는 얘기다. 달이 떠난 후에도 지구에 생명이 살 수 있을까? 1백억 년 사는 별에 비하면 고작 1백 년도 못 사는 인생이 몇 억, 몇 십억 년 후의 일을 걱정한다는 것은 마치 하루살이가 겨우나기를 걱정하는 것만큼이나 부질없는 일일지도 모르겠다.

오늘밤이라도 바깥에 나가 하늘의 달을 보라. 우리 지구의 동생인 저 달도 언젠가는 작별을 고할 것이다. 회자정리會者定離다. 그런 생각으로 달을 바라보면 더 정답고 아름답게 느껴질 것이다.

우리도 지금 아내와 남편, 부모님과 형제, 친구들과 함께 때로는 웃으며, 때로는 화내며 같이 생활하고 있지만, 머지않아 모두 헤어질 것이다. 달과 지구에 비하면 정말 잠깐 같이 있다가 헤어지게 되는 것이다. 이것이 우리가 가까이 있는 사람들을 더욱 아끼고 따뜻하게 사랑해야 하는 이유다.

달에서 본 '지구돋이(Earthrise)'

역사상 가장 영향력 큰 사진

최초의 지구돋이Earthrise 사진은 NASA의 유인 달 탐사선 아폴로 승무원인 윌리엄 앤더스가 1968년 12월 24일 크리스마스이브에 찍은 것이다. 아폴로 8호는 당시 달을 10바퀴 돌면서 촬영한 달의 사진을 지구로 전송, TV로 생중계한 뒤 귀환해 태평양 바다 위에 무사히 내려앉았다.

인류가 우주에서 본 지구 모습을 최초로 담은 이 사진은 엄청난 반향을 불러일으켰다. 저명한 자연 사진작가 갤런 로웰은 "이제까지의 사진들 중 가장 영향력 있는 작품이다"라고 평가했으며, 가장 아름다운 천체 사진으로 꼽혀 지구 환경 지키기 운동을 촉발하기도 했다.

아폴로 8호는 달 표면에 착륙하지는 않았다. 오른쪽의 사진은 앤더스가 달 궤도에서 찍은 것으로, 마치 지구가 해처럼 공중으로 떠오르는 것처럼 보여 '지구돋이'라는 이름이 붙었지만, 사실 과학적으로는 틀린 표현이다.

달은 지구의 중력에 꽉 잡힌 상태이기 때문에 자전과 공전 주기가 27.3일로 동주기 자전을 한다. 따라서 지구에서는 달의 한쪽 면밖에 볼 수 없기 때문에 달에서 볼 때 지구는 하늘의 한 곳에 박혀서 움직이지 않는다. 다시 말해 달에서는 지구가 뜨거나 지지 않는다는 의미다. '지구돋이' 사진은 달 궤도를 도는 우주선에서 촬영했기 때문에 마치 지구가 달의 지평선 너머로 뜨는

1968년 12월 24일 아폴로 8호 승무원 앤더스가 달 궤도에서 찍은 사진. "이제까지의 사진들 중 가장 영향력 있는 작품"이라는 평가를 받았다.

것처럼 보이는 착시효과가 나타났다.

위의 사진은 지구가 햇빛을 받는 부분만 나타나 마치 상현달 같은 모양을 하고 있다. 이 사진을 찍을 때 승무원들이 나눈 대화는 다음과 같다.

앤더스 : 오 마이 갓! 저기 좀 봐! 지구가 떠오르고 있어. 와우, 예쁘다.

보먼(선장) : 찍지 말라구. 작업목록에 없는 거야. (농담)

앤더스 : (웃음) 컬러 필름 있어, 짐? 컬러 롤 빨리 좀 줘봐.

러벨 : 오, 그게 좋겠군!

아폴로 승무원들은 이 사진을 찍기 전 달 궤도를 돌면서 '창세기' 1장 1절에서 10절까지를 나누어 읽었는데, 이 장면은 TV로 생중계되어 최고 시청

률을 기록하면서 세계를 놀라게 했다.

“우리는 곧 달에서의 해돋이를 보게 될 것입니다. 그리고 지구의 모든 인류에게 아폴로 8호 승무원들이 전하고 싶은 메시지가 있습니다.

태초에 하나님이 천지를 창조하시니라. 땅이 혼돈하고 공허하며 흑암이 깊음 위에 있고 하나님의 영은 수면 위에 운행하시니라. 하나님이 이르시되 빛이 있으라 하시니 빛이 있었고 빛이 하나님이 보시기에 좋았더라. 하나님이 빛과 어둠을 나누사 / (윌리엄 앤더스)

하나님이 빛을 낮이라 부르시고 어둠을 밤이라 부르시니라. 저녁이 되고 아침이 되니 이는 첫째 날이니라. 하나님이 이르시되 물 가운데에 궁창이 있어 물과 물로 나뉘라 하시고 하나님이 궁창을 만드사 궁창 아래의 물과 궁창 위의 물로 나뉘게 하시니 그대로 되니라. 하나님이 궁창을 하늘이라 부르시니라. 저녁이 되고 아침이 되니 이는 둘째 날이니라. / (짐 러벨)

하나님이 이르시되 천하의 물이 한 곳으로 모이고 뭍이 드러나라 하시니 그대로 되니라. 하나님이 뭍을 땅이라 부르시고 모인 물을 바다라 부르시니 하나님이 보시기에 좋았더라. / (프랭크 보먼)”

1969년 US 포스털 서비스는 아폴로 8호의 달 탐사 비행을 기념하는 〈스캇 도감〉 1371번 우표를 발행했다. 이 우표에는 지구돋이 사진이 실려 있으며, 아폴로 8호가 임무 수행 중 낭독한 ‘창세기’ 구절이 적혀 있다. ‘지구돋이’는 동영상으로 만들어져 유튜브에 여럿 실려 있으니 찾아보기 바란다. 매우 신비롭고 아름다운 우주 속의 지구를 보여준다.

에필로그

우주는 어떤 종말을 맞을까?

"나의 관심은 사물의 여러 현상들을 규명하는 것이 아니라,
신의 생각을 알아내는 것이다.
그 밖의 것은 부차적인 것이다."

- 아인슈타인

결국 우주의 모든 물질들은 블랙홀로 귀의하고, 다시 10108년이 지나 모든 블랙홀들도 결국 빛으로 증발해 사라지고 나면, 우주에는 약간의 빛과 중성미자, 중력파만이 떠돌아다니게 된다. 그리고 종국에는 모든 물질의 소동은 사라지고, 우주의 무질서도(엔트로피)를 높이는 어떠한 반응도 일어나지 않는다. 곧, 시간도 방향성을 잃게 되어 시간 자체가 사라지고, 우주는 영원하고도 완전한 무덤 속이 되는 것이다. 영광과 활동으로 가득 찼던 대우주의 우울하면서도 장엄한 종말이다. 그러나 그것을 지켜볼 의식을 가진 지성체는 우주 어디에도 없을 것이다.

은하들이 안 보인다

우주는 '무'에서 시작해서 빅뱅을 거친 후 급팽창을 거듭했으며, 이윽고 별과 은하의 씨앗을 탄생시키고 오늘날의 대규모 구조에 이르기까지 진화를 계속해왔다. 그렇다면 이 우주는 앞으로도 계속 팽창할 것인가? 아니면 언젠가 이 팽창을 멈추고 수축할 것인가?

그것은 전적으로 이 우주에 물질이 얼마나 담겨 있는가에 달려 있다. 우주의 미래를 판단하는 데는 이 우주의 물질밀도가 결정적인 역할을 한다.

아인슈타인의 일반 상대성 이론에 따르면, 중력은 물질뿐 아니라 우주공간 자체에도 영향을 미친다. 즉 물질이 갖는 중력은 우주팽창에 브레이크 역할을 한다. 그리고 이 제동력의 크기는 물질의 양에 따라 결정된다. 제동력과 우주팽창의 힘이 균형을 이루면 우주는 팽창을 멈출 것이다. 이때의 물질량을 우주의 임계밀도라 한다.

참고로 우주의 임계밀도는 $1m^3$당 수소원자 10개 정도다. 이게 어느 정도의 밀도인가 하면, 큰 성당 안에 모래 세 알을 던져 넣는다고 가정했을 때 그 모래알의 밀도가 수많은 은하와 별들을 포함하고 있는 지금의 우주밀도보다 더 높은 것이다. 이것은 인간이 만들 수 있는 어떤 진공상태보다도 완벽한 진공이다. 우주는 이처럼 태허太虛 자체인 것이다.

현재 우주의 물질밀도와 임계밀도의 관계에 따라 우주의 운명이 가름되는데, 그 가능성은 세 가지다. 우주밀도가 임계밀도보다 작으면 우주는 영원히 팽창하고(열린 우주), 그보다 크다면 언젠가는 팽창을 멈추고 수축하기 시작할 것이다(닫힌 우주). 또 다른 가능성은 팽창과 수축을 반복하며 끝없이 순환하는 것이다(진동 우주). 우주밀도와 임계밀도가 같아 곡률이 없는 편평한 우주라면, 언젠가 우주팽창이 끝나지만 그 시점은 무한대가 된다.

최근의 관측결과는 2% 오차 범위 내에서 우주는 편평한 것으로 나타났다. 따라서 우리는 다소 지루하겠지만 당분간 팽창하는 우주를 하염없이 바라다볼 운명인 셈이다.

그러나 어느 쪽의 우주가 되든, 우주는 열평형과 무질서도(엔트로피*)의 극한을 향해 서서히 무너져가는 것은 우울하지만 피할 수 없는 운명으로 보인다. 이른바 열사망熱死亡**이라는 상태다. 약 1조 년 후면 블랙홀과 은하 등 우주의 모든 물질이 사라지게 된다. 심지어 원자까지도 붕괴를 피할 길이 없다. 그러면 어떠한 에너지도 운동도 존재하지 않게 되어 우주는 하나의 완벽한 무덤이 되는 것이다. 이것을 '열사망'이라 한다. 많은 우주론자들은 우주가 언젠가 종말에 이를 것이며, 그 과정은 이미 시작되었다고 믿고 있다.

* 무질서도의 척도. 자연적인 현상은 비가역적이며 무질서도가 증가하는 방향으로 일어나는데, 이를 수치적으로 보여주는 것이 엔트로피다. 열역학 제2법칙.

** 엔트로피가 최대가 되어 모든 물질의 온도가 일정하게 된 우주. 이러한 상황에서 어떠한 에너지도 일을 할 수 없고, 우주는 정지한다.

우주 종말 3종 세트

우주가 어떻게 끝날 것인지는 확실히 알 수 없지만, 과학자들은 대략 다음과 같은 세 가지의 시나리오를 뽑아놓고 있다. 이른바 대함몰big crunch, 대파열big rip, 대동결big freeze 시나리오다.

우주 종말 시나리오 3종 세트 중 대파열 시나리오에 따르면, 강력해진 암흑 에너지가 우주의 구조를 뒤틀어 처음에는 은하들을 갈가리 찢고, 블랙홀과 행성, 별들을 차례로 찢는다. 이러한 대파열은 우주를 팽창시키는 힘이 은하를 결속시키는 중력보다 더 세질 때 일어나는 파국이다. 우주의 팽창이 나중에 빛의 속도로 빨라지면 물질을 유지시키는 결속력을 와해시켜 대파열로 나아가게 된다. 그 결과 우주는 무엇에도 결합되지 않은 입자들만 캄캄한 우주공간을 떠도는 적막한 무덤이 될 것이다.

다음은 대함몰이다. 이것은 우주가 팽창을 계속하다가 점점 힘이 부쳐 속도가 떨어질 것이라는 가정에 근거한 것이다. 그러면 어떻게 되는가? 어느 순간 팽창하는 힘보다 중력의 힘 쪽으로 무게의 추가 기울어져 우주는 수축으로 되돌아서게 된다. 수축 속도는 시간이 지남에 따라 점점 더 빨라져 은하와 별, 블랙홀들이 충돌하고 마침내 빅뱅이 시작되기 직전의 한 점이었던 태초의 우주로 대함몰한다. 이 폭력적인 과정은 물리학에서 상전이相轉移라 일컫는 것으로, 예컨대 물이 가열되다가 어떤 온도에 이르면 기체인 수증기가 되는 현상 같은 것이다.

가장 유망한 우주의 종말, 대동결

마지막 시나리오는 열사망으로도 불리는 대동결이다. 이것이 현대 물리학적 지식으로 볼 때 가장 가능성 높은 우주 임종의 모습이다.

대동결설에 따르면 우주팽창에 따라 모든 은하들 사이의 거리가 멀어져서 1000억 년 정도 후에는 관측 가능한 범위 내에서 어떤 은하도 보이지 않게 된다. 그때까지 만약 지적 생명체가 우리은하에 살고 있어 망원경으로 온 우주를 샅샅이 뒤져보더라도 별 하나, 은하 하나 볼 수 없게 된다. 그야말로 우주의 온 사방이 흑암의 바다일 것이다.

현재 우주에 수소가 전체 원소 가운데 90%를 차지하지만, 결국 별들이 수소를 모두 소진하면서 소멸의 길을 걷게 될 것이다. 별들은 차츰 빛을 잃어 희미하게 깜빡이다가 하나둘씩 스러져가고, 결국 우주는 정전된 아파트촌처럼 적막한 암흑 속으로 빠져들게 될 것이다.

우주가 열평형과 무질서도의 극한을 향해 서서히 무너져가는 것은 피할 수 없는 운명으로 보인다. 이른바 열사망이라는 상태다. 몇 백조 년이 흐르면 모든 별들은 에너지를 소진하고 더 이상 빛을 내지 못할 것이며, 은하들은 점점 흐려지고 차가워질 것이다.

은하 속을 운행하는 죽은 별들은 은하 중심으로 소용돌이쳐 들어가 최후를 맞을 것이며, 10^{19}년 뒤에 은하들은 뭉쳐져 커다란 블랙

ⓒSRON

거대 블랙홀 상상도. 우주의 종말 시나리오 중 하나는 거대한 블랙홀로 끝난다는 가설이다.

홀이 될 것이다. 하지만 몇몇 죽은 별들은 다른 별들과의 우연한 만남을 통해 은하계 밖으로 내던져짐으로써 이러한 운명에서 벗어나 막막한 우주공간 속을 외로이 떠돌 것이다. 우주론자 에드워드 해리슨은 서서히 진행되는 우주의 파멸을 다음과 같이 실감나게 묘사한다.

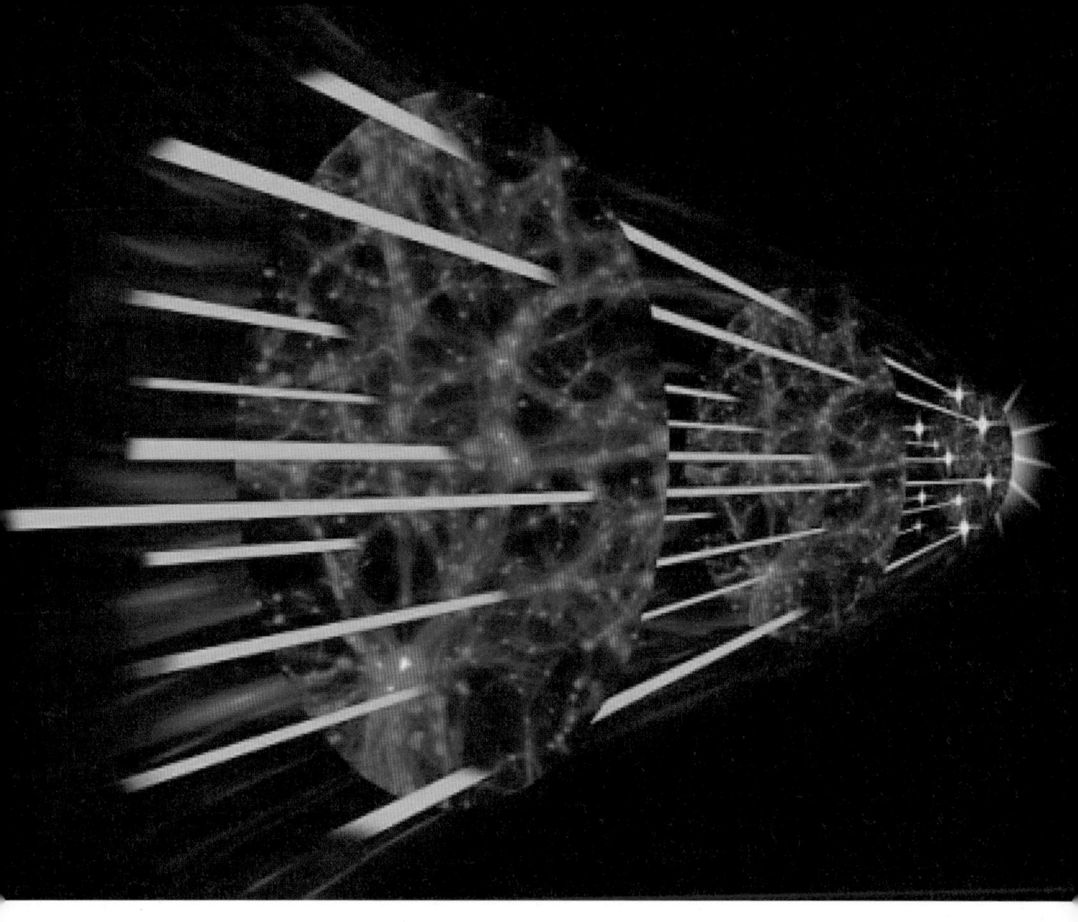

ⓒNational Pictures

닫힌 우주의 끝인 대함몰. 빅뱅이 지나온 길을 되돌아가는 우주의 종말이다.

"별들은 깜박이는 촛불처럼 서서히 흐려지기 시작하면서 하나씩 꺼져가고 있다. 거대한 천체의 도시인 은하계들은 서서히 죽어가고, 수십억 년이 지나면서 어둠이 더욱 깊어져간다. 이따금씩 깜박이는 빛 하나가 우주의 밤을 잠시 빛내며, 어디선가 활동이 생겨나 은하계의 종말이라는 최종선고를 약간 연기시킨다."

결국 우주의 모든 물질들은 블랙홀로 귀의하고, 다시 10^{108}년이 지나 모든 블랙홀들도 결국 빛으로 증발해 사라지고 나면 우주에는 약간의 빛과 중성미자, 중력파만이 떠돌아다니게 된다. 그리고 종국에는 모든 물질의 소동은 사라지고, 우주의 무질서도를 높이는 어떠한 반응도 일어나지 않는다. 즉 시간도 방향성을 잃게 되어 시간 자체가 완전히 사라지고, 우주는 영원하고도 완전한 무덤 속이 되는 것이다.

이것이 바로 영광과 활동으로 가득 찼던 대우주의 우울하면서도 장엄한 종말이다. 그러나 그것을 지켜볼 의식을 가진 지성체는 우주 어디에도 없을 것이다.

우리가 우주를 사색하는 이유

어느 쪽의 우주가 되든, 우주에서 생명이란 언젠가 사라지고 말 것이라는 우울한 사실은 변함없겠지만, 그래도 하나의 위안은 있다. 자연이 인간에게 베푼 자비라고나 할까, 우주의 종말이 오기까지 걸리는 시간은 상상을 초월할 정도로 엄청나기 때문에 고작 찰나를 사는 인간의 운명과 연결 짓는다는 것 자체가 부질없는 일이라는 점이다.

또한 우주는 100% 과학으로만 접근해야 할 대상이 아니라 가슴으로 느껴야 하는 대상이라는 점도 조금은 위안이 된다. 인간의 이성이란 게 어차피 한계가 있는 만큼 지식이 전부는 아니라는 말이다. 옛 선사들이 현대의 천문학자보다 우주를 깊이 감득하지 못했다고 누가 단언할 수 있으랴.

천문학의 역사는 우주 속에서 인간이 차지하는 위치에 관한 역사이기도 하다. 지난 시대의 사람들은 인간이 우주의 중심이라고 믿어 의심치 않았다. 그러나 오늘에 와서 보면 인간은 우주의 중심은커녕 우주의 어느 구석에 있는지도 모를 티끌이요 바람임을 알게 되었다.

이 무한 우주 속에서 인간의 의미는 무엇일까? 그것을 찾는다는 자체가 부질없는 노릇이라고 우주는 말해주는 듯하다. 우주는 인간에 연연해하지 않는다. 몇 천 년 전에 노자老子가 말한 '천지불인天地不仁'*은 그런 뜻인지도 모른다.

상황은 단순하다. 수백억 년이란 영겁의 시간 속에, 광대무변한 우주의 공간 속에 '나'라는 존재는 이 자리가 아닌 다른 어디에다 무엇으로 끼워 넣어도 하등 달라질 게 없을 거라는 지극히 단순한 사실이다.

어디에 '나'라고 주장할 게 한줌이라도 있는가? 나를 이루고 있는 10^{28}개의 원자들이 모두 흩어지면 또 다른 것들을 만들어내겠지만, 이미 거기에 '나'는 없다. 섀플리의 말마따나 '나'는 뒹구는 돌일

*『노자 도덕경』 5장에 나오는 말. 天地不仁以萬物爲芻狗(하늘과 땅이 어질지 못해 이 세상 모든 물건을 짚으로 엮은 강아지처럼 내버린다). 짚 강아지는 제사 때 올렸다가 바로 벌판에 버렸다.

수도 있고 떠도는 구름일 수도 있는 범아일체凡我一體의 우주인 것이다.

우리가 우주를 사색하는 것은 이러한 분별력과 자아의 존재에 대한 깨달음을 얻기 위함이다. 그것은 곧 '나'를 놓아버리고 '나'를 비우는 일이 아닐까. 우리 모두의 앞에 있는 죽음이라는 것도 어쩌면 우주가 '나'를 비우는 과정인지도 모른다.

찰나의 불씨 한 점

지금 이 순간에도 우주는 빛의 속도로 무한 팽창을 계속해가고 있다. 수많은 별들이 탄생과 죽음의 윤회를 거듭하고, 수천억 은하들이 광막한 우주공간을 비산한다. 그 무수한 은하들 중 한 조약돌인 우리은하 속에서 태양계는 초속 220km로 그 변두리를 순행하며, 지구라는 행성은 또다시 초속 30km로 태양 주위를 순회하고 있다. 원자 알갱이 하나도 제자리에 머무는 놈 없는, 그야말로 일체무상의 대우주다.

아인슈타인의 말마따나 인간이 우주를 이해할 수 있다는 게 정말 가장 이해하기 힘든 일일지도 모른다. 별이 남긴 물질에서 몸을 일으킨 인간이, 내가, 스스로를 자각하는 존재로서 자신이 태어난 고향인 물질의 대향연을 바라보고 있는 것이다. 이것이 기적이요 우주의 대서사시가 아니고 무엇이랴!

앞으로 우주는 어떻게 될까? 우주에 담겨 있는 물질의 양이 우주의 운명을 결정짓게 된다. 그림은 우주를 여행하는 순례자.

기나긴 우주진화의 여정 속 어느 한 지점에 잠시 머무는 우리는 생과 멸이 끝없이 윤회하는 것을 지켜본다는 자각을 가져야 하며, 결국 '나'란 존재는, '너 아닌 나'라고 주장할 게 바이없는, 광막한 허공중에 잠시 빛났다가 스러지는 한 점 불씨 그 이상이 아니라는 분별력을 가지고, 자신의 삶과 세계를 돌아봐야 할 것이다.

인류가 우주를 완벽히 아는 날이 올까?

우주는 프랙탈 구조

“인류가 우주를 완벽히 아는 날이 올까?” 이 질문은 참으로 해묵은 것이다. 어느 과학자나 철학자도 이 같은 의문을 갖고 이런 질문을 스스로에게, 또는 다른 사람에게 던져보았을 것이다. 예컨대, 다음과 같은 질문이다.

“언젠가 과학의 모든 문제들이 해결되고, 우리가 우주의 모든 것에 대해 완벽하게 알게 되어 더 이상 풀 문제가 없는 날이 올까? 아니면 우리가 모든 것을 알게 되는 그런 상황은 결코 영원히 오지 않을까?”

이에 대해 지금까지 제시된 답안 중에서 가장 설득력 있는 답안을 작성한 이는 공상과학 소설가 아이작 아시모프(1920~1992)가 아닐까 싶다. 그는 한 친구 과학자의 물음에 이렇게 답했다.

“우주는 본질적으로 매우 복잡한 프랙탈적 성질을 지니고 있으며, 과학이 연구하는 대상도 이러한 성질을 공유하고 있다는 것이 내 신념이다. 따라서 우주의 어떤 일부분이 이해되지 않은 채 남아 있고, 과학이 탐구하는 도정에 어떤 일부가 밝혀지지 않은 채 남아 있다면, 그것이 이해되고 해결된 부분에 비해 아무리 작은 부분이라 하더라도 그 속에는 원래의 것과 다름없는 모든 복잡성이 들어 있다고 본다. 따라서 우리는 결코 그 끝에 도달할 수 없을 것이다. 우리가 아무리 멀리 나아가더라도 우리 앞에 남아 있는 길은 여전히 처음과 마찬가지로 먼 길일 것이다. 이것이 우주의 신비다."

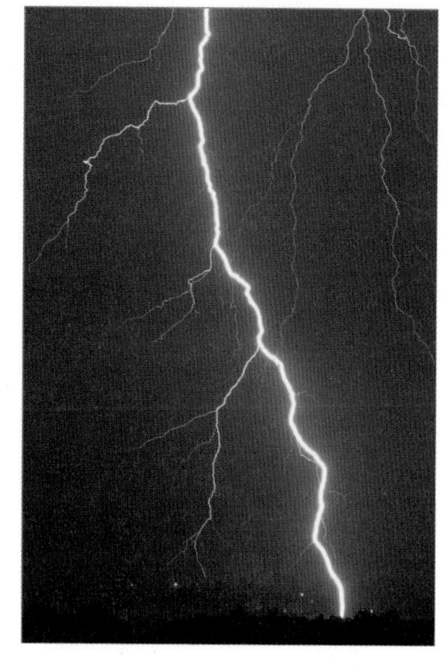

번개나 나뭇가지, 리아스식 해안 등 동형반복이 무수히 이어져, 부분이 전체와 유사성을 띠는 기하학적 도형을 프랙탈이라 한다.

여기서 프랙탈이란 차원 분열 도형을 일컫는 말로, 작은 구조가 전체 구조와 닮은 형태로 끝없이 되풀이되는 구조를 말한다. 자연에서 쉽게 찾을 수 있는 예로는 고사리와 같은 양치류 식물, 구름과 산, 리아스식 해안, 나뭇가지, 은하의 모습 등이다.

아시모프의 우주관은 우주 자체가 형이상학적인 프랙탈이라는 것이다. 그 속성은 무한반복이다. 하나를 알게 되면 열 개의 수수께끼가 튀어나오는 구조인 것이다. 이처럼 우주는 우리 인간에겐 결코 풀리지 않는 신비다.

■ 독자 여러분의 소중한 원고를 기다립니다

메이트북스는 독자 여러분의 소중한 원고를 기다리고 있습니다. 집필을 끝냈거나 집필중인 원고가 있으신 분은 khg0109@hanmail.net으로 원고의 간단한 기획의도와 개요, 연락처 등과 함께 보내주시면 최대한 빨리 검토한 후에 연락드리겠습니다. 머뭇거리지 마시고 언제라도 메이트북스의 문을 두드리시면 반갑게 맞이하겠습니다.

■ 메이트북스 SNS는 보물창고입니다

메이트북스 홈페이지 www.matebooks.co.kr

책에 대한 칼럼 및 신간정보, 베스트셀러 및 스테디셀러 정보뿐만 아니라 저자의 인터뷰 및 책 소개 동영상을 보실 수 있습니다.

메이트북스 유튜브 bit.ly/2qXrcUb

활발하게 업로드되는 저자의 인터뷰, 책 소개 동영상을 통해 책에서는 접할 수 없었던 입체적인 정보들을 경험하실 수 있습니다.

메이트북스 블로그 blog.naver.com/1n1media

1분 전문가 칼럼, 화제의 책, 화제의 동영상 등 독자 여러분을 위해 다양한 콘텐츠를 매일 올리고 있습니다.

메이트북스 네이버 포스트 post.naver.com/1n1media

도서 내용을 재구성해 만든 블로그형, 카드뉴스형 포스트를 통해 유익하고 통찰력 있는 정보들을 경험하실 수 있습니다.

STEP 1. 네이버 검색창 옆의 카메라 모양 아이콘을 누르세요. STEP 2. 스마트렌즈를 통해 각 QR코드를 스캔하시면 됩니다. STEP 3. 팝업창을 누르시면 메이트북스의 SNS가 나옵니다.